绿色低碳理论、模型与实践丛书

U0744318

碳交易

市场与规则

文 扬 著

电子工业出版社·

Publishing House of Electronics Industry

北京·BEIJING

内 容 简 介

本书系统探讨了政府对碳排放权交易市场的规制与调控。首先，全面梳理了美国 SO_2 排污权交易市场、欧盟碳排放权交易市场和韩国碳排放权交易市场的政策实践，并总结了其中的典型经验；其次，分析评估了湖北省碳排放权交易试点的实施效果，对全国碳排放权交易市场建设提出了相关政策建议；最后，构建了演化博弈模型和主体仿真模型，分别在完全信息情形和不完全信息情形下，分析了碳排放权交易市场中政府和企业的行为策略演变，为政府主管部门科学制定碳排放权交易市场的规制与调控规则提供了理论支撑和实践依据。

本书可作为高等院校资源环境经济、能源经济、环境管理、环境科学等学科领域学生的学习用书，同时适合从事相关领域研究的科研人员和行政管理人员阅读参考。

图书在版编目（CIP）数据

碳交易：市场与规则 / 文扬著. -- 北京 ：电子工

业出版社，2025. 6. --（绿色低碳理论、模型与实践丛

书）. -- ISBN 978-7-121-50598-0

Ⅰ. X511

中国国家版本馆 CIP 数据核字第 2025MG2485 号

责任编辑：满美希
印　　刷：中煤（北京）印务有限公司
装　　订：中煤（北京）印务有限公司
出版发行：电子工业出版社
　　　　　北京市海淀区万寿路 173 信箱　邮编　100036
开　　本：720×1 000　1/16　印张：11.75　字数：226 千字
版　　次：2025 年 6 月第 1 版
印　　次：2025 年 6 月第 1 次印刷
定　　价：88.00 元

凡所购买电子工业出版社图书有缺损问题，请向购买书店调换。若书店售缺，请与本社发行部联系，联系及邮购电话：(010) 88254888，88258888。

质量投诉请发邮件至 zlts@phei.com.cn，盗版侵权举报请发邮件至 dbqq@phei.com.cn。

本书咨询联系方式：manmx@phei.com.cn。

前　言

人类社会的高速经济增长和工业化进程导致了温室气体排放量和能源消耗的急剧增长。2005 年，中国超越美国，成为全球最大的二氧化碳（CO_2）排放国。到 2023 年，中国的能源消耗总量已达 57.2 亿吨标准煤，CO_2 排放总量已达到 112.2 亿吨。作为世界大国，中国面临着巨大的压力，需要担负起控制温室气体排放和能源消耗的责任。

为了减缓气候变化、履行国际气候协议中的承诺，并展现世界大国的责任，中国推动了一系列旨在控制能源消耗增长和温室气体排放的政策。其中，碳排放权交易成为中国控制温室气体排放的重要市场工具。2011 年，国家发展改革委批准建设了 7 个碳排放权交易试点，并于 2013 至 2014 年间逐步启动。2017 年年底，中国正式启动了全国碳排放权交易市场的建设，最初涵盖的行业仅限于电力行业。2021 年 7 月，全国碳排放权交易市场正式投入运行，标志着中国在碳排放管控方面迈出了重要步伐。

中国的碳排放权交易市场建设尚处于起步阶段，仍存在诸多问题。本书以湖北省碳排放权交易试点为案例开展研究，采用对数平均迪氏指数分解法对湖北省工业 CO_2 排放贡献因素进行分解分析，通过构建双重差分模型，评估了湖北省碳排放权交易试点的实施效果，分析了试点实施对主要贡献因素的影响，揭示了实施成效背后的深层原因。湖北省碳排放权交易试点实施效果不佳的主要原因是配额分配方式不合理、缺乏有效的政府监管，以及企业非法获取额外配额。完善全国碳排放权交易市场，需要建立健全法律法规体系，科学制定排放总量限额，合理优化配额分配方式，加大政府监管处罚力度，完善配额价格调控措施，以推动市场充分发挥低成本、高经济效率的减排作用。

本书基于稳定性理论构建了政府规制与调控碳排放权交易市场的演化博弈模型，在完全信息情形下模拟了政府和企业的行为策略演变以及最终的稳定纳什均衡状态，为政府制定市场规制与调控规则提供了理论支撑；运用 Java 语言实现了主体仿真模拟，在不完全信息情形下模拟了政府和企业的行为策略演变、最终的稳定策略以及市场的最终状态，为市场规制与调控规则的制定提供了实践依据。根据演化博弈和主体仿真模型结果分析，得出以下主要结论：（1）对企业违规行为予以高额处罚能够激励其如实报告排放；（2）加强对政府主管部门的资金支持和玩忽职守行为的处罚能够激励其检查排放；（3）政府主管部门监督检查企业排放的比例要高于鞍点值；（4）适中的配额价格和对未履约的高额处罚能够促进市场高效减排；（5）政府主管部门通过适度的市场调控引导配额价格回归合理区间。

在本书付梓之际，笔者谨向中国人民大学马中教授致以崇高的敬意！马中教授学术造诣深厚，治学态度严谨，学识渊博，正是在他高屋建瓴的指导和一如既往的支持下，本书才得以顺利完成写作与出版。笔者还要感谢高国力、周毅仁、李平、夏成、欧阳慧、谢雨蓉、刘通、肖晓俊、王丽、刘祖辰、崔华东、张钰堂、石磊、Jackson Ewing、胡珮琪、刘庆丰、余自瑞、蒋姝睿、陈迪等良师益友在本书撰写过程中的鼓励、支持和帮助。同时，感谢电子工业出版社的魏子钧老师和满美希老师，他们在本书编写过程中付出了大量心血，贡献不可或缺。

本书的相关研究工作得到了国家高端智库课题、国家发展改革委国土开发与地区经济研究所所长基金、中国宏观经济研究院基本科研业务项目的资助，在此特别感谢资助方的持续支持。最后，笔者谨向为本书出版提供经费支持的国家高端智库理事会、国家发展改革委国土开发与地区经济研究所、中国宏观经济研究院表达衷心的感谢。

笔者深知自身能力有限，书中难免存在疏漏之处，恳请读者批评指正。碳排放权交易制度建设属于前沿研究领域，仍有许多科学理论和应用方法有待深入探讨，衷心希望更多的读者能够投身其中，共同推动这一研究领域的发展。

目　　录

第 一 章

绪 论

1.1 研究背景

1.1.1 中国的经济发展及产业结构

在改革开放初期，中国的经济发展水平较低，1978 年国内生产总值（Gross Domestic Product，GDP）仅为 3678.7 亿元。随着改革开放进程的深入，中国经济得到了飞速发展，取得了世界瞩目的成就。至 2023 年中国 GDP 已达 1294272 亿元，占世界比重从 1978 年的 1.7%逐渐上升至 16.9%，2010 年中国 GDP 占世界比重达到 9.1%，超越日本居世界第二，如图 1-1 所示。在过去的 40 余年里，虽然中国的经济增速波动较大，但是 GDP 年均增速依旧达到了 8.9%。自 2008 年全球金融危机后，中国的经济增速逐年放缓，GDP 增长率在 2010 年回升至 10.6%后逐渐下降，2020 年前后有所波动，至 2023 年达到 5.2%，如图 1-2 所示。

在经济高速增长的同时，中国的产业结构也在不断调整。改革开放初期，经济发展以第二产业为主，第一产业和第三产业比重相当。1978 年中国的第一产业增加值为 1019 亿元，第二产业增加值为 1755 亿元，第三产业增加值为 905 亿元，三次产业结构比例为 27.7 : 47.7 : 24.6。随着产业结构的优化，第三产业快速增长，相比之下第一产业的增速较慢，第二产业则保持平稳增速，至 2012 年第三产业增加值首次超过第二产业，第三产业成为拉动中国经济增长的主要产业，而第一产业发展对经济增长的贡献越来越小。2023 年，中国第一产业增加值达到 89755 亿元，第二产业增加值达到 482589 亿元，第三产业增加值达到 688238 亿元。三次产业结构比例变为 7.1∶38.3∶54.6。

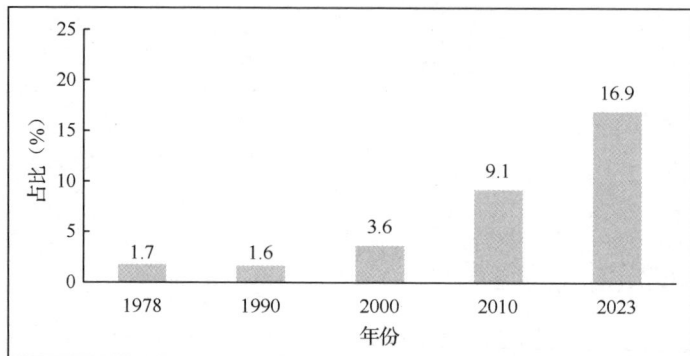

图 1-1　中国 GDP 占世界比重[①]

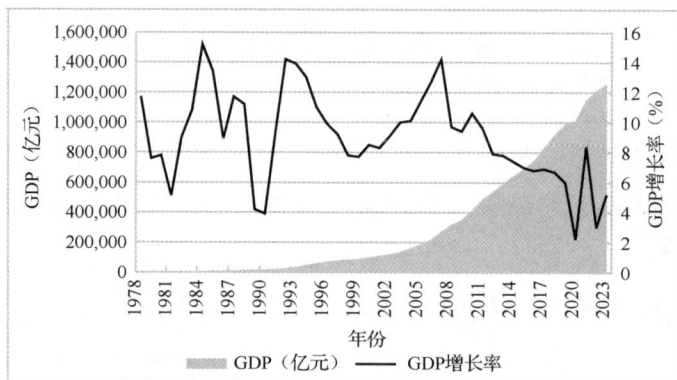

图 1-2　1978—2023 年中国经济增长趋势[②]

1.1.2　中国能源消耗及 CO_2 排放现状

中国经济增长和产业结构的变化，必然带来能源消费结构的变化。由于

---

① 数据来源：世界银行 WDI 数据库
② 数据来源：《中国统计年鉴 2024》

中国煤炭资源丰富，一直以来，中国的能源消耗以煤炭为主，2000 年中国的煤炭消耗量为 10.1 亿吨标准煤，石油消耗量为 3.2 亿吨标准煤，天然气消耗量为 0.3 亿吨标准煤，非化石能源消耗量为 1.1 亿吨标准煤，能源消耗总量为 14.7 亿吨标准煤。随着经济的高速增长，各类能源的消耗量也快速增长。至 2022 年，虽然煤炭的消耗量依然最大，但是占能源消耗总量比例有所下降，天然气和非化石能源消耗占比总体呈上升趋势，石油消耗占比总体呈下降趋势，非化石能源消耗占比逐渐接近石油。2023 年中国的煤炭消耗量达到 31.6 亿吨标准煤，石油消耗量达到 10.5 亿吨标准煤，天然气消耗量达到 4.9 亿吨标准煤，非化石能源消耗量达到 10.2 亿吨标准煤，能源消耗总量达到 57.2 亿吨标准煤，如图 1-3 所示。

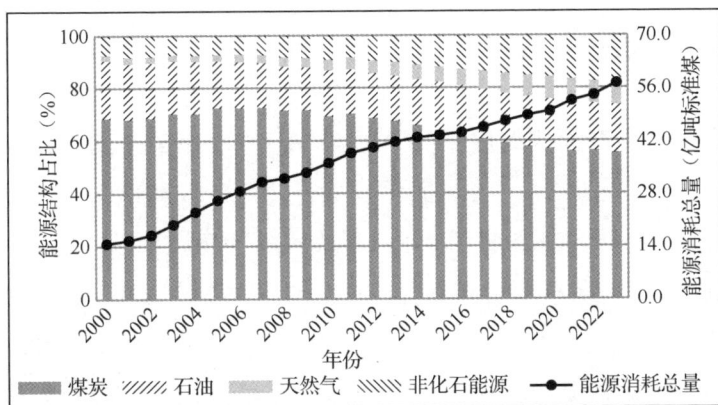

图 1-3 2000—2023 年中国能源消耗总量与能源结构占比[①]

中国的经济增长和化石能源消耗总量的增加，也带来二氧化碳（Carbon Dioxide，CO_2）排放总量和人均 CO_2 排放量的增长。2013 年，中国的 CO_2 排放总量为 92.1 亿吨，人均 CO_2 排放量为 6.7 吨。2013 年至 2016 年，CO_2 排放总量和人均 CO_2 排放量缓慢下降，随后继续保持增长趋势。2023 年，中国的 CO_2 排放总量达 112.2 亿吨，人均 CO_2 排放量达到 8.0 吨/人，如图 1-4 所示。

---

① 数据来源：《中国统计年鉴 2024》

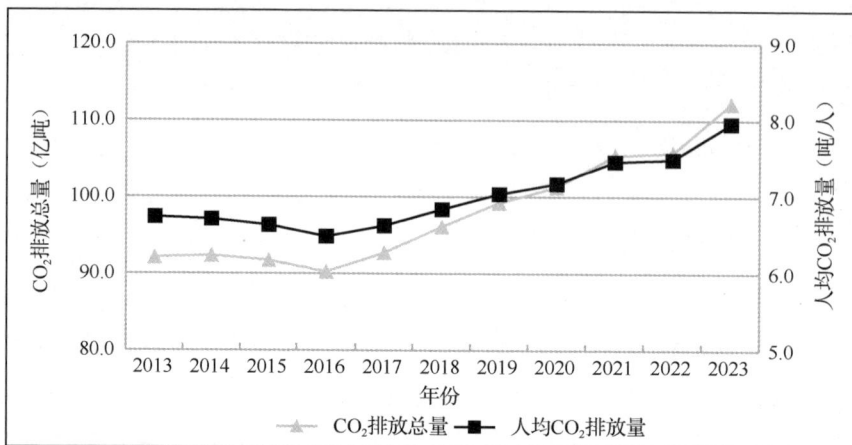

图 1-4　2013—2023 年中国的 CO_2 排放总量和人均 CO_2 排放量[①]

1.1.3　国际应对气候变化政策框架

为了阻止人类对地球气候系统的干扰,在 1992 年的里约热内卢地球峰会上,联合国通过了《联合国气候变化框架公约》(United Nations Framework Convention on Climate Change,UNFCCC)。为了实现 UNFCCC 的目标,1997 年 UNFCCC 缔约国在日本京都的会议中通过了《京都议定书》,使温室气体(Greenhouse Gases,GHG)减排具有法律约束力。《京都议定书》旨在建立有效的国际机制,以减少六类温室气体排放。根据协议框架中协商的目标,在第一个承诺期内(2008—2012 年)发达国家的温室气体排放总量至少比 1990 年水平下降 5%。该协议允许各国承诺不同的减排量,具体说,与 1990 年相比,美国承诺减排 7%,欧盟承诺减排 8%,日本承诺减排 6%,等等。协议对包括东欧和俄罗斯在内的处于经济转型期的国家制定了特殊规定,发展中国家并没有被要求承担任何减排承诺。该协议原则上还建立了国际的温室气体排放权交易制度,在这一制度下,实现超额减排的国家可以在市场上向尚未达到减排目标的其他国家出售他们所剩余的减排量。缔约国希望这一

---

① 数据来源:能源研究所《2024 年世界能源统计年鉴》(Energy Institute Statistical Review of World Energy 2024)

交易市场能以类似于美国二氧化硫（Sulfur Dioxide，SO_2）排污权交易计划的模式运行，美国通过该计划在 SO_2 减排方面取得了重大成功。

清洁发展机制（Clean Development Mechanism，CDM）是依据《京都议定书》第十二条建立的一种补偿机制，它允许缔约国中的发达国家通过帮助发展中国家实施温室气体减排项目，以履行其承诺的温室气体减排义务。在促进温室气体减排中，CDM 主要起两方面作用：一方面，是帮助发展中国家实现可持续发展目标；另一方面，是帮助工业化国家降低温室气体的减排成本。在《京都议定书》通过十年后，CDM 已形成一个庞大的全球市场，拥有 800 多个注册项目和数十亿欧元的投资。CDM 在开发温室气体自愿减排市场方面取得了巨大成功。

为了应对 2020 年以后的气候变化问题，2015 年 UNFCCC 近 200 个缔约国在巴黎气候变化大会上通过了《巴黎协定》，协定的主要内容是将全球气温升幅控制在 2℃ 以内，并控制在前工业化时期气温水平之上的 1.5℃ 以内。

《联合国气候变化框架公约》、《京都议定书》和《巴黎协定》等国际气候变化条约成为世界各国建立碳排放权交易市场的重要依据和制度基础。

1.1.4 中国应对气候变化政策体系

为应对气候变化，控制化石能源消耗以及减少温室气体排放，中国采取了一系列积极的措施。中国的气候变化战略主要涉及三个方面：国际承诺、体制机制建设和相关配套政策的实施。

在国际承诺方面，2002 年 8 月，中国政府批准了《京都议定书》，并启动了 CDM 下的国际合作，标志着中国正式开始参与全球应对气候变化行动。2009 年，温家宝总理在哥本哈根联合国气候变化大会上宣布，到 2020 年，中国单位 GDP 二氧化碳排放量将在 2005 年的基础上下降 40%～45%。2017 年，中国提前实现了这一目标，单位 GDP 二氧化碳排放量较 2005 年下降 46%。2014 年 11 月，在第九届 G20 峰会上，习近平主席提出中方计划 2030 年左右达到二氧化碳排放峰值，到 2030 年非化石能源占一次能源消费比重提高到

20%左右。2015 年，中国政府向联合国气候变化框架公约秘书处提交了应对气候变化国家自主贡献文件。文件中再次明确争取尽早实现 G20 峰会上承诺的碳达峰和非化石能源消费占比目标，并进一步提出，到 2030 年，将单位 GDP 二氧化碳排放量在 2005 年的水平上下降 60%～65%，并增加约 45 亿立方米的森林蓄积量。2020 年 9 月，习近平主席在第七十五届联合国大会一般性辩论上指出，中国将提高国家自主贡献力度，采取更加有力的政策和措施，二氧化碳排放力争于 2030 年前达到峰值，努力争取 2060 年前实现碳中和。2020 年 12 月，习近平主席在气候雄心峰会上宣布，到 2030 年，中国单位国内生产总值二氧化碳排放将比 2005 年下降 65%以上，非化石能源占一次能源消费比重将达到 25%左右，森林蓄积量将比 2005 年增加 60 亿立方米，风电、太阳能发电总装机容量将达到 12 亿千瓦以上。

在体制机制建设方面，为积极参与全球气候治理，中国从京都时代起就不断建立健全应对气候变化相关体制机制。1990 年，国务院环境保护委员会下设了国家气候变化协调小组，负责统筹协调国际气候变化谈判和国内政策措施。1998 年，国家发展计划委员会（国家发展和改革委员会前身）牵头成立了国家气候变化对策协调小组，作为部门间的议事协调机构。2006 年，国家气候变化对策协调小组委托相关单位组建了专家委员会，主要致力于为我国政府制定应对气候变化相关战略方针、政策措施提供科技咨询和政策建议。2007 年，国务院成立了国家应对气候变化及节能减排工作领导小组，由温家宝总理担任组长，负责研究制定国家应对气候变化的重大战略、方针和对策，统一部署相关工作，研究审议国际合作，协调解决相关工作中的重大问题。2008 年，国家发展和改革委员会（简称国家发展改革委）新设应对气候变化司，主要负责应对气候变化和温室气体减排工作，综合分析气候变化对经济社会发展的影响。进入后哥本哈根时代，中国进一步完善了体制机制建设。2010 年，国家气候变化领导小组下设协调联络办公室，旨在加强各部门应对气候变化机构和能力建设。进入巴黎时代后，在 2018 年国务院机构改革中，将国家发展改革委的应对气候变化和减排职责并入生态环境部，应对气候变化司也随之调整至生态环境部。2021 年 5 月，中央层面成立了碳达峰碳中和工作领导小组，作为指导和统筹做好碳达峰碳中和工作的议事协调机构，领导小组办公室设在国家发展改革委。至此，碳达峰碳中和相关工作再次并入国家发展改革委，由资源节约和环境保护司履行领导小组办公室的日常工作职能，并承担应对气候变化和节能减排方面的具体工作。

在相关配套政策方面，为落实节能减排工作，中国初步形成了由发展战略规划、碳排放权交易市场和低碳试点示范等多方面构成的低碳发展配套政策体系。发展战略规划包括《中共中央 国务院关于完整准确全面贯彻新发展理念做好碳达峰碳中和工作的意见》《2030年前碳达峰行动方案》《中国应对气候变化的政策与行动》等宏观纲领性规划和国务院各部门印发的工业、交通、建筑与能源等领域的控制温室气体排放或节能减排相关的计划规划。中国的碳排放权交易市场建设经历了三个阶段，2002—2010年，中国处在探索建立碳排放权交易市场的基础准备期；2011—2017年，中国逐步建设地方碳排放权交易试点。2011年底，国家发展改革委确定北京、上海、重庆、天津、深圳、湖北、广东作为碳排放权交易试点地区，这7个试点省市在2013—2014年开始启动碳排放权交易市场。随着2016年《巴黎协定》的签署，中国正式进入碳排放权交易市场建设的第三阶段。2016年底，四川和福建两个非试点省份开始启动碳排放权交易市场建设。2017年底，中国正式启动了覆盖电力行业的全国碳排放权交易市场，并随后发布了《全国碳排放权交易市场建设方案（发电行业）》，明确了碳排放权交易市场的规划和政策重点，全国碳排放权交易市场于2021年7月正式运行。为提高城市应对气候变化能力，国家发展改革委先后启动了三批国家低碳试点城市，旨在探索不同地区率先实现碳达峰的低碳发展模式和有效路径。2010年7月，国家发展改革委发布了《关于开展低碳省区和低碳城市试点工作的通知》，确定在5省8市开展低碳试点示范工作。2012年11月，国家发展改革委下发了《国家发展改革委关于开展第二批低碳省区和低碳城市试点工作的通知》，将低碳试点示范省市扩大至6省36市。2017年1月，国家发展改革委印发《国家发展改革委关于开展第三批国家低碳城市试点工作的通知》，将试点示范范围进一步扩大至6省81市。

1.2 研究内容与方法

本书主要从实证分析和理论分析两个方面展开碳排放权交易市场与规则研究，具体结构为：第一章是绪论，第二章是理论基础，第三章是国际排放权交易市场实践，第四章是湖北省碳排放权交易试点实施效果分析，第五章和第六章分别是基于演化博弈和主体仿真的碳排放权交易市场规制与调控研究，第七章是结论与建议。

其中，实证分析主要包含第三章和第四章。第三章对美国 SO_2 排污权交易市场、欧盟碳排放权交易市场和韩国碳排放权交易市场进行梳理，总结国际排放权交易市场实践的成功经验，特别是针对市场规制和调控措施。第四章首先对中国碳排放权交易发展概况进行梳理，重点对湖北省碳排放权交易试点基本情况进行阐述，采用对数平均迪氏指数分解法（Logarithmic Mean Divisia Index，LMDI）对湖北省工业 CO_2 排放贡献因素进行分解分析，并采用双重差分法（Difference-in-Difference，DID）分析湖北省碳排放权交易试点的实施效果及其对工业 CO_2 贡献因素的影响，进而揭示试点实施是否有效以及背后的原因，根据第三章和第四章的实证分析，对完善全国碳排放权交易市场建设提出建议。

基于实证分析提出的建议，本书研究了全国碳排放权交易市场规制与调控规则的理论设计。理论分析包含第五章和第六章。第五章根据稳定性理论构建了政府规制和调控碳排放权交易市场的演化博弈模型，在完全信息情形下，分别分析了政府规制和调控碳排放权交易市场时政府和企业行为策略演变的过程，为碳排放权交易市场规制和调控规则的制定提供了理论支撑。第六章构建了主体仿真模型，并运用 Java 语言在 IntelliJ IDEA 平台上实现了仿真模拟，在不完全信息情形下，分别分析了政府和企业在政府规制与调控碳排放权交易市场时的行为策略演变过程，为碳排放权交易市场规制与调控规则的制定提供了实践依据。政府主管部门可依据主体仿真模型模拟现实情形，科学制定碳排放权交易市场的规制与调控规则，进而实现政府监管有效、市场价格合理的高效减排市场。

1.3 研究意义

随着中国经济的快速发展，能源消耗量和 CO_2 排放量不断上升。国际社会为应对气候变化采取了多种控制温室气体排放的措施。作为全球最大的温室气体排放国，中国不仅需要为控制碳排放、减缓气候变化作出贡献，还需履行在国际气候谈判中的承诺，承担起作为世界大国应有的责任。

本书以中国碳排放权交易市场为研究对象，深入分析了国际碳排放权交易市场的设计运行机制，并总结了国外建设碳排放权交易市场的典型经验；通过 LMDI 和 DID 分析方法，定量分析了湖北省碳排放权交易试点的实施对碳排放及其主要贡献因素的影响，并根据研究结果和经验总结，提出了完善全国碳排放权交易市场建设的政策建议，具有重要的实践意义。

在碳排放权交易市场规制和调控方面，本书基于稳定性理论构建了演化博弈模型，在完全信息情形下，模拟了政府和企业的行为策略演变过程以及最终的稳定纳什均衡状态；构建了主体仿真模型，运用计算机编程实现了仿真模拟，在不完全信息情形下，模拟了政府和企业的行为策略演变过程、最终的稳定策略以及市场的最终状态。演化博弈模型和主体仿真模型为规则政策制定提供了理论基础和实践依据，开创了碳排放权交易市场规制与调控的新思路，具有深远的理论意义。

1.4 技术路线图

本书研究所采用的技术路线图如图 1-5 所示。

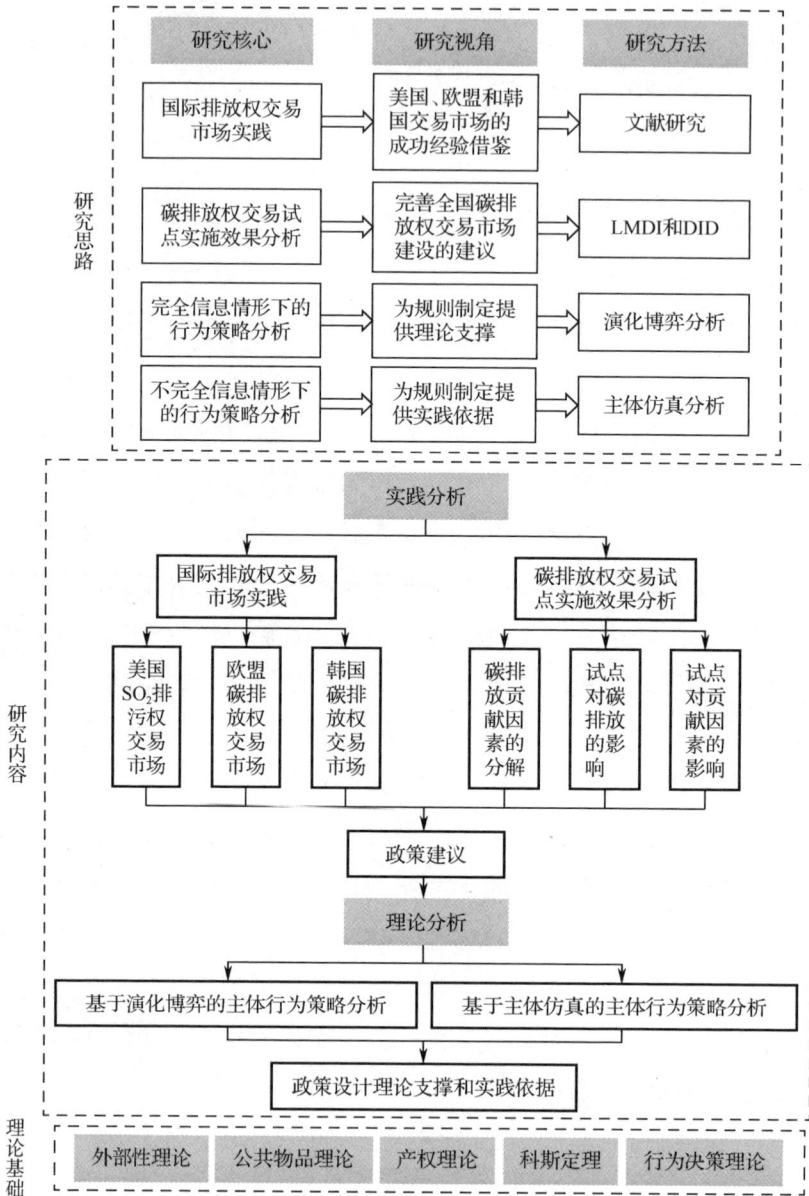

图 1-5 技术路线图

第二章

理论基础

2.1 外部性理论

　　英国经济学家阿尔弗雷德·马歇尔于 1890 年在《经济学原理》中提出"外部经济"的概念，为外部性理论奠定了基础。其后，其学生阿瑟·庇古在 1920 年的《福利经济学》中进一步系统化提出"外部性"，并区分了外部经济性（正外部性）和外部不经济性（负外部性）。外部性指的是某一主体的经济行为对其他主体的成本或收益产生了影响，而该主体并未为此支付相应的成本或获取对应的收益（即该影响未通过市场价格机制反映）。外部成本或收益源于产品或服务的生产或消费过程，其影响可能涉及私人个体、群体或全社会（即具有非排他性和非竞争性）。当社会边际成本超过私人边际成本时，外部性会增加社会经济的总成本，此时为外部不经济性。当社会边际收益大于私人边际收益时，社会公共回报高于私人回报，此时为外部经济性。

　　20 世纪 90 年代以来，全球气候变化已成为人们最关心的外部性问题之一。气候学家普遍认为，全球平均气温正逐渐升高，且温室气体排放是气候变暖的主要推动因素。温室气体包括二氧化碳、甲烷、一氧化二氮、氢氟碳化合物、全氟碳化合物和六氟化硫等。这些气体在大气中聚集并捕获从地表辐射出来的热量，因此被称为"温室气体"。基于气候学家的共识，化石燃料燃烧所产生的 CO_2 排放具有显著的负外部性，因为碳排放导致的气候变暖会产生大量在市场经济中无法衡量的直接影响。

生产（消费）外部性是指某些生产（消费）活动进入至少一个消费者（生产者）的效用函数（生产函数）中的外部性，这类外部性也会影响到其他生产者（消费者）。对于生产（消费）外部性的一般情况，某些生产要素（例如化石燃料）的使用通过其产生的外部性进入每个人的效用函数和每个企业的生产函数中，而其他产品和生产要素则不会对效用函数和生产函数产生影响。

全球气候变暖是生产外部性的典型例子。在全球尺度的长期效应中，温室气体（如 CO_2）排放后会在大气中充分混合，因此全球气候变化主要取决于排放总量，而具体排放源的地理位置对长期全球升温的影响无显著差异。此外，这一外部性具有鲜明的全球性特征——减缓气候变化的收益属于"全球公共品"，具有非竞争性和非排他性，这导致各国普遍存在"搭便车"动机，难以自发达成集体减排协议。尽管部分国家基于环境责任或自身利益采取行动，但全球合作的协调成本高、利益分歧大，使得气候变暖成为难以解决的全球性外部性问题。

当个体经济行为存在负外部性时，其私人收益可能与社会整体效益冲突——行为主体获取私人收益，却将成本转嫁给社会。经济学家普遍认为，生产（消费）外部性是市场失灵的典型表现——市场机制无法自发将外部成本或收益纳入交易价格。针对负外部性，政府可通过税收、产权界定、监管等手段，将外部成本"内部化"为生产者的私人成本，从而抑制负外部性。而生产者可能通过提高产品价格将部分成本转嫁给消费者。对于正外部性（如教育、研发），由于私人主体的收益低于社会收益，个体的生产或消费量往往低于社会最优水平，从而引发市场失灵。为实现帕累托最优，政府可通过补贴、政府采购等手段，激励市场主体提供更多具有正外部性的产品或服务。

2.2 公共物品理论

经济学理论定义的公共物品，是指在消费中具有非排他性和非竞争性特征的物品。非排他性意味着公共物品一旦被生产出来就可以被经济主体消费，市场上的任何经济主体都不能阻止其他经济主体对其进行消费，即消费者不能被排除在公共物品的消费之外；非竞争性意味着公共物品可以在不增加成本的情况下，被额外的经济主体消费，额外的经济主体消费并不会影响其他经济主体消费的效用。

根据公共物品特征属性的不同，可以分为纯公共物品和准公共物品两类。纯公共物品具有完全的非排他性和非竞争性，这类公共物品相对较少。准公共物品则具有有限的非排他性或非竞争性。在准公共物品中，具有完全非排他性和有限竞争性的公共物品被称为公共资源，而具有有限非排他性和完全竞争性的公共物品被称为俱乐部物品。纯公共物品和公共资源的完全非排他性将会导致典型的"搭便车"问题，因为经济主体无法从生产或提供公共物品中获得任何直接收益，这可能使生产者或提供者失去提供这些公共物品的动力，从而引发市场失灵。

环境物品是一种公共物品，例如，紧缺的水资源是准公共物品，而 CO_2 排放和温室效应是纯公共物品。CO_2 排放进入大气后，任何国家都无法避免温室效应的影响。某一国家增加 CO_2 排放对其他国家的 CO_2 排放不会产生影响。CO_2 排放在全球范围内具有完全的非排他性和非竞争性特征，它是全世界共同消费的物品。同样，减少 CO_2 排放和减缓全球气候变暖也是所有国家共同消费的纯公共物品。由于减少 CO_2 排放具有纯公共物品属性，且会产生外部性，市场无法有效地提供这一公共物品，进而导致市场供给不足，从而引发市场失灵。

为了避免公共物品导致的市场失灵，需要解决公共物品的供给或生产问题。一些公共物品需要由政府提供，如国防、道路或基础教育。然而，私营部门也可以提供部分公共物品。传统观点认为，私营部门通常只会生产少量或根本不生产具有公共物品特征的商品。因此，经济效率要求政府强制要求个体为生产公共物品做出贡献，然后允许所有的个体进行消费。对现实情形的简单观察表明，将公共物品理论应用于政府生产存在两个问题：首先，私营部门能够成功生产很多公共物品，此时政府的生产是没有必要的。其次，政府实际生产的很多物品并不符合经济学家对公共物品的定义。因此，公共物品理论并不适用于解释政府生产在实际经济中的作用。政府可以提供环境公共物品，例如，通过植树造林项目吸收 CO_2 并产生碳封存，从而提供减缓气候变化的公共物品。但是在规定排放总量限额后，市场中的私营部门同样能够提供 CO_2 减排这一公共物品，并且由于私营生产的成本低于公共生产，私营部门提供公共物品的效率通常会更高。

2.3 产权理论

产权理论在经济学的实践中发挥了相当重要的作用，社会的产权结构是解释经济发展或发展受限的关键因素。产权经济学家明确指出，企业家投资是经济增长的基本组成部分，企业和个人在追求投资的过程中都要承担风险。如果产权没有得到明确界定，那么普通投资者的投资能力将会受到限制。

经济学中关于产权的定义有很多种。Furubotn 和 Pejovich（1974）认为，产权可以被理解为物品的存在及其使用所引发的相互认可的人类行为关系。这些关系规定了每个人在与其他人的日常交互中，必须遵守与物品相关的行为准则，若不遵守这些准则，将面临相应的代价。这里的"物品"指的是任何能为人们带来满足和效用的东西。Bromley 和 Cernea（1989）将产权定义为"当且仅当其他社会成员普遍遵循且制度体系有效维护时，其收益方能获得持续性保障的法定权益"。因此，产权涉及将人类行为与特定资源开发联系起来的体制问题。Bromley（1991）还认为，产权是国家通过对他人的责任分配来保护收益所有权的机制。在科斯之后，许多政策分析开始将产权结构纳入考量。科斯认为，明晰且安全的产权是实现经济效率的必要条件。在信息充分、交易成本较低、合同严格管理和执行的情形下，明晰产权可以解决由外部性引起的市场扭曲问题。

Pejovich（1990）指出，任何产权制度都是有成本的，维持不同产权制度的实际费用有所不同。私有财产只有在防止被他人使用、侵占或盗窃的情况下才安全，其所有者才能从中获取收益。当存在共有产权或共同财产时，管理这些资源的制度成本较高。部分观点认为，解决环境退化问题可通过建立明晰的产权制度，以取代开放获取制度。

Tietenberg（1992）认为，有效的产权结构可以带来资源的有效配置，他指出了产权的四个必要特征：（1）普遍性，所有资源均可私人拥有，并明确规定各类产权的权利和义务；（2）排他性，拥有和使用资源所产生的所有成本和收益都归所有者所有；（3）可转让性，在自愿交易中，产权可以在所有者之间自由转让；（4）强制性，财产权应受到法律保护，防止他人以任何形式占有或侵犯。从资源配置的角度看，Tietenberg 的产权特征框架非常重要。这意味着，如果在这些产权条件下进行交易，资源将按照最终用途的最高价值进行配置。事实上，产权结构分析表明，与上述一项或多项条件不符的情形都将导致资源的低效配置。Tietenberg 还指出，当产权不明晰时就会出现环境问题。此外，在产权无法在竞争条件下自由交易，并且社会与私人贴现率存在差异的情况下，也会出现环境问题。这意味着，假如产权制度具有普遍性、排他性、可转让性和强制性，就可以避免环境问题的出现。这些条件将激励企业和个人合理利用资源，从而确保他们采取的保护和管理措施符合自身的利益。

2.4 科斯定理

科斯定理源于科斯在 1960 年《社会成本问题》中对外部性问题的开创性分析。他假设在使用农业土地的情形下，农民和养牛人之间存在用地的经济利益冲突，而政策制定者需要设计一个能得到双赢结果的政策。随后，他用数学公式证明了，在一些制度条件下（交易成本为零、产权明晰），合规的产权交易可以使外部性内部化，这是一种比庇古税更优的选择。科斯提出，通过最大化污染者和受害者共同利益的产权交易，理论上可以提高社会福利。

斯蒂格勒从科斯的抽象假设中总结出了"科斯第一定理"和"科斯第二定理"。科斯第一定理可以表述为：在交易成本为零且产权明晰的前提下，权责的初始分配方式并不影响资源最终的帕累托最优配置。此时，契约自由确保了有效的经济结果，这里的权责通常简化为"产权"或"制度设计"或"制度安排"。科斯第二定理可以概括为：在交易成本不为零的前提下，权责的不同初始分配方式将影响资源的最终配置。

学术界在科斯第二定理的基础上进一步归纳出"科斯第三定理"。张五常教授在《中国会走向"资本主义"的道路吗？》中首次提出并应用了这一定理，该定理在科斯的最后一本著作《企业、市场与法律》中得到进一步阐释。科斯第三定理可以归纳为：在存在交易成本且产权不明晰的情形下，制度安排会影响资源的最终配置。科斯第三定理强调，产权的界定是市场交易的前提。

此外，Lai 和 Lorne（2015）根据科斯的最后一本著作提出了所谓的"科斯第四定理"，认为在一定条件下，政府的规则可以促进市场资源的优化配置。具体来说，在控制排放的情形下，国家可以通过制定法律法规和政策措施，充分发挥排放权交易市场优化配置排放配额的作用。

"交易成本"、"产权"和"配置"是科斯思想的关键词。交易成本和产权在当时都是经济学中的新概念，这在亚当·斯密的古典经济学和大卫·李嘉图等人的新古典经济学中并不被重视。新古典经济学假设有一个完善的法律制度来明确产权，市场或经济在此情形下能够顺畅运行。也就是说，产权明晰和交易成本为零是理所当然的假设。然而，科斯的经济学理论指出，交易成本并非新古典经济学生产函数中所能涵盖的内容，它包括运输成本、信息成本、协商与谈判成本，以及形成和执行合同的成本。

碳排放权交易市场的理论基础源于科斯理论，是科斯第一定理和第二定理在环境治理中的重要应用。斯蒂格勒从科斯对外部性问题的分析中总结出科斯定理，其核心逻辑（产权明晰与交易成本）适用于解决排放权分配这类问题。温室气体排放作为典型的负外部性，可通过市场机制将排放权界定为产权，实现外部性内部化。

在理论上，碳排放权交易市场可能比庇古税更具效率——因确定最优税率需持续收集大量信息（如边际减排成本），而设定排放总量后，市场可通过价格机制发现边际减排成本。但这一效率优势依赖于完善的市场规则和监管，且不同场景下二者效率可能存在差异。学者们对碳排放权交易的减排效率尚存分歧，部分观点认为其优于庇古税，也有研究指出配额分配公平性、市场流动性等因素可能影响减排效果。任何排放权交易市场都必须依赖企业自行监测并报告其排放量。如果企业提供虚假报告，可能会导致产权配置的过度或不足，并扭曲市场价格，最终为投机行为提供机会。因此，必须建立严格的监管体系，尤其是在市场初期阶段，虚报、瞒报排放或未按时履约等违规行为更为常见，这时候需要一个强有力的监管部门来进行有效管理。

2.5 行为决策理论

广义上，行为决策理论是指在面对不确定的选择结果和收益时，分析应该采取何种行为策略的方法。行为决策理论关注的是理性个体在不同行为策略中做出选择，并最终确定最佳的行为策略，其中的"最佳"有多种定义，最常见的便是决策者的期望效用最大化。行为决策理论提供了一个强有力的工具，用于分析主体在不可预知的环境中如何做出最佳决策。

博弈论与行为决策理论非常相似，二者均研究不同理性主体之间的策略交互，尤其是在多主体利益博弈的情境下，博弈论关注主体如何设计交互策略，以实现期望效用的最大化，并探讨如何设计满足主体需求的制度。可以认为，行为决策理论是对自然博弈的研究，其中的"自然"不是指寻求带来最佳收益的博弈对手，而是指能够带来最佳收益的策略行动。

博弈论在主体系统中的应用，通常侧重分析多主体之间的交互策略，特别是涉及谈判和规制的交互策略。博弈论为行为决策理论体系增加了多主体在共同环境中策略交互的思想，并进一步阐明了主体如何通过单独或共同地改变环境，提升各自的效用。行为决策理论假设主体是理性且自私的，通过运用博弈论中的纳什均衡等概念来设计各种形式的交互机制，从而探索如何实现经济系统的稳定、高效与公平运行。

行为决策理论是一种可用于分析在各种行为策略结果未知情形下主体行

为策略演变的数学方法。虽然早在主体行为分析的概念被提出来之前，行为决策理论就已发展成熟，但是其依旧是决策者模拟主体行为制定市场规则的重要手段。在复杂环境中，主体对环境的认知通常存在不确定性，缺乏足够的信息来准确了解环境当前的状态，同时无法预知环境未来的演化路径。行为决策理论模型通过精确的数学公式定义了主体的环境属性、感知能力、行为策略对环境状态的影响、目标和偏好。主体的理性被定义为：其行为模式以实现个体效用最大化为目标。如果个体的偏好具有一致性，则可以将其行为策略选择偏好总结为效用函数，通过该函数可以计算出每个主体的具体效用，而每个主体都将选择效用最大的行为策略。

第 三 章

国际排放权交易市场实践

为了解决环境污染的外部不经济性问题，政府通常采取两种手段进行治理，即命令控制治理模式和市场交易治理模式。支持命令控制治理模式的观点认为，市场交易治理模式可能会使污染排放合法化。通过规定污染控制技术或制定严格的排放标准，能有效控制污染物的排放。但是，在命令控制治理模式下企业的减排成本通常较高，无法实现有经济效率的减排。相反，在市场交易治理模式下形成的排放配额价格往往与市场的边际减排成本相同，从而能够以较低成本实现减排目标。市场交易治理模式的早期经验来自美国的酸雨治理。随着世界各国对全球气候变化的日益关注，市场交易治理模式的政策重心已从污染物排放逐步转向温室气体排放。本章梳理了美国 SO_2 排污权交易市场、欧盟碳排放权交易市场和韩国碳排放权交易市场的政策实践，并总结了典型经验。

3.1 美国 SO_2 排污权交易市场

20 世纪 80 年代，由火电厂排放 SO_2 导致的酸雨问题引起了美国社会各界的广泛关注，由于采用"一刀切"的命令控制治理模式的治理成本过高，因此该模式的政策立法提案未能通过。与此同时，在《清洁空气法》1990 年修正案的第四章中，明确提出启动 SO_2 配额交易计划。

3.1.1　SO₂交易计划的政策演进

根据《清洁空气法》，美国国家环境保护局（Environmental Protection Agency，EPA）制定了酸雨计划、《清洁空气州际条例》（Clean Air Interstate Rule，CAIR）、《跨州空气污染条例》（Cross-State Air Pollution Rule，CSAPR）及其升级方案等一系列政策措施，旨在通过总量控制与交易体系减少火电厂的 SO_2 排放。

（1）酸雨计划。

酸雨计划是根据《清洁空气法》1990 年修正案第四章建立的以市场为基础的 SO_2 排污权交易体系，对所涵盖的发电机组设定了年度 SO_2 排放总量限额，通过减少火电厂的年度 SO_2 排放来解决美国境内的酸沉降问题。与设定每个企业排放限值的传统命令控制治理模式相比，酸雨计划引入了具有里程碑意义的配额交易体系，利用市场经济激励来促进污染物减排。酸雨计划实现了有经济效率的污染物减排，分为两阶段实施：第一阶段于 1995 年启动，覆盖美国 21 个污染最严重州的 263 座 100MW 以上的燃煤机组，这些燃煤机组几乎全部位于密西西比河以东；第二阶段于 2000 年启动，范围扩大至 3200 座 25MW 以上的火电机组，几乎覆盖了当时美国所有的火电厂。EPA 在第二阶段收紧了年度 SO_2 排放总量限额，将其设定为 895 万吨，约为 1980 年火电行业排放量的一半。此后，在清洁空气跨州条例中要求火电行业逐年减少 SO_2 排放总量。

（2）《清洁空气州际条例》。

EPA 于 2005 年 5 月颁布了《清洁空气州际条例》，并于 2006 年 4 月出台了该条例的联邦实施方案（Federal Implementation Plans，FIP）。CAIR 要求美国 25 个东部地区（24 个州和华盛顿特区）限制电力行业年度 SO_2 排放总量，以应对州际跨区域的空气污染。CAIR 通过总量控制与交易体系来实现减排目标。CAIR 的 SO_2 交易计划于 2010 年启动，2015 年 CAIR 被《跨州空气污染条例》取代。

（3）《跨州空气污染条例》及其升级方案。

EPA 于 2011 年 7 月颁布了《跨州空气污染条例》，要求美国东部 28 个州通过减少火电厂的污染物排放量来改善空气质量，其中 23 个州的火电厂要逐年减少 SO_2 排放总量。CSAPR 包含两个相互独立的总量控制与交易体系，即第一交易计划和第二交易计划。CSAPR 于 2015 年 1 月起替代 CAIR 正式启动实施，其升级方案于 2017 年 1 月起开始实施。升级方案中将排放总量限额收紧，2018 年第一交易计划和第二交易计划的 SO_2 排放总量限额分别设定为 137 万吨和 59 万吨。

美国 SO_2 交易计划的发展历程如图 3-1 所示。

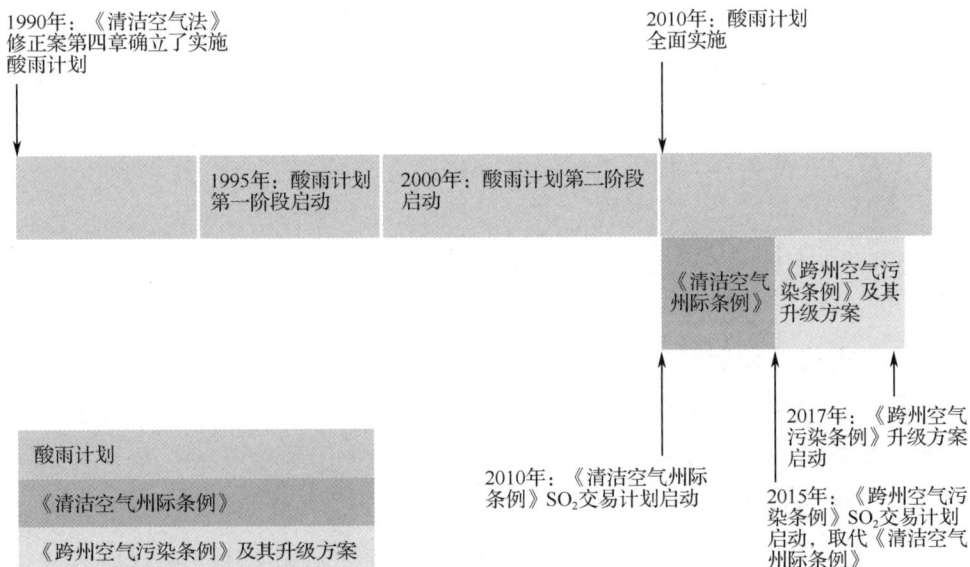

图 3-1 美国 SO_2 交易计划的发展历程

3.1.2 SO_2 配额分配方案

在酸雨计划中，SO_2 配额的初始分配包括无偿分配、拍卖分配和奖励分配三种形式，其中无偿分配量占配额总量的 97.2%。EPA 每年将 SO_2 配额无偿分配给发电机组，由发电机组的指定代表或经营者持有或进行交易，交易标的是排放许可，即排放 1 吨 SO_2 的配额。无偿分配的配额是根据基准值法计算得出的，火电厂分配的配额是通过行业单位产量的 SO_2 排放基准值与其实际产量之积来确定的，行业单位产量的 SO_2 排放基准值则由火电厂前三年平均燃煤消耗量和 SO_2 交易计划不同阶段的减排目标来设定。

EPA 会对火电厂发放奖励配额，以鼓励其采取清洁煤技术改造、可再生能源（如太阳能、风能等）替代和节能技术应用等措施，从而实现 SO_2 减排。此外，EPA 还将对自愿加入酸雨计划的企业提供奖励配额。配额的无偿分配将导致污染物排放的成本向消费者传导，为发电机组带来"意外之财"。政府拍卖配额产生的收益可用于减少扭曲性税收，从而减少因无偿分配带来的社会减排成本。但当市场不存在交易成本时，排污权交易后配额的帕累托最优配置与配额的初始分配无关。因此在不损害环境绩效的情形下，交易市场建立之初，为了鼓励更多企业参与排污权交易，以无偿分配为主、拍卖分配为辅的分配方式是更能够被接受的配额分配方式。

3.1.3　SO_2 排放监管体系

在 SO_2 交易计划中，大部分污染源选择采用排放控制技术，通过各种控制措施以实现酸雨计划和 CSAPR 规定的减排目标。EPA 实行严格的 SO_2 排放监管问责机制，确保 SO_2 排放监测数据的准确性、可靠性和一致性，从而进一步保障 SO_2 排污权交易的有效性。EPA 在联邦法规第 40 章第 75 部分（40 CFR Part75）中制定了详细的监管规程，要求发电机组安装并运行排放连续监测系统（Continuous Emission Monitoring Systems，CEMS），以实时记录 SO_2 排放量。发电机组的所有者或经营者要对 SO_2 排放监测数据质量负责，确保不同设备的监测结果一致，并定期按规定向 EPA 提交监测报告。如果多个发电机组通过同一个烟囱排放，EPA 不强制要求每个发电机组单独安装 CEMS。

EPA 对发电机组的 SO_2 排放监测数据进行综合检查或现场审查，以确保监测报告的数据质量。EPA 允许 SO_2 排放水平较低的发电机组使用替代方法

监测排放，但绝大多数发电机组仍采用 CEMS 进行监测。假如发电机组的
CEMS 数据或替代监测系统的数据不可用，而所有者或经营者也无法提供符
合 EPA 要求的排放监测信息，EPA 则认为发电机组并未控制 SO_2 排放，并根
据规定的方法核算发电机组在这段期间内的 SO_2 排放。在发电机组的 SO_2 排
放超过所有者或经营者当年所持配额时，所有者或经营者要承担超额排放的
处罚，并在下一年（或 EPA 规定的更长时间内）补偿与超额排放量同等数量
的配额。对于超过限额的 SO_2 排放，EPA 按照 1990 年不变价处以每吨 2000
美元罚款，根据《杂项收入法》（Miscellaneous Receipts Act，MRA）将罚款
存入美国财政部。在 SO_2 交易计划的头十年，SO_2 配额价格稳定在 150 美元/
吨至 200 美元/吨之间，发电机组的超额排放处罚高于 SO_2 配额价格的 10 倍
以上。2018 年，酸雨计划的 SO_2 配额平均价格不到 1 美元/吨，CSAPR 第一
交易计划和第二交易计划的 SO_2 配额年初价格分别为 2.13 美元/吨和 2.63 美
元/吨，EPA 对超额排放处罚远高于 SO_2 配额价格。此外，EPA 还可以根据
1990 年以后每年的消费价格指数调整处罚力度，以应对通货膨胀。EPA 要求
超额排放发电机组的所有者或经营者在次年的 60 天内拟订提交补偿配额的
计划。

　　纳入酸雨计划或 CSAPR 的污染源可以选择多种 SO_2 排放控制措施，包
括改用低硫煤或天然气、采用烟气脱硫（Flue Gas Desulfurization，FGD）技
术或向流化床锅炉注入石灰石等。FGD 技术是燃煤机组控制 SO_2 排放的主要
手段，通常应用于发电量较高的燃煤机组。2018 年，在酸雨计划和 CSAPR
中，采用先进 FGD 技术的机组占燃煤机组的 77%，占燃煤发电量的 84%。
CSAPR 中所有的燃煤机组都使用 CEMS 监测 SO_2 排放，99%的发电机组 SO_2
排放量由 CEMS 监测。

3.1.4　SO_2 交易计划的履约情况和实施效果

　　酸雨计划、CSAPR 第一交易计划和第二交易计划的 SO_2 配额都只能用于
各自的排放履约，不能用于其他计划的履约。2018 年，酸雨计划中所有污染

源报告的 SO_2 排放总量为 124.6 万吨，EPA 扣除了约 120 万吨 SO_2 配额用于发电机组履约，市场上仍有超过 5200 万吨的 SO_2 配额可用于履约，并结转到 2019 年酸雨计划的履约中，其中 2018 年产生的盈余配额为 800 万吨，4400 万吨为往年存储的盈余配额。在 CSAPR 第一交易计划中，所有污染源报告的 SO_2 排放总量近 65.3 万吨，EPA 扣除了约 65.3 万吨的 SO_2 配额用于发电机组履约，市场上仍有 430 万吨配额可用于履约，并结转到 2019 年 CSAPR 第一交易计划的履约中。在 CSAPR 第二交易计划中，所有污染源报告的 SO_2 排放总量近 11.4 万吨，EPA 扣除了约 11.4 万吨的 SO_2 配额用于发电机组履约，市场上仍有超过 190 万吨配额可用于履约，并结转到 2019 年 CSAPR 第二交易计划的履约中。酸雨计划、CSAPR 第一交易计划和第二交易计划中的所有排放设施都在 2018 年完成履约，并储备了足够的 SO_2 配额用于未来履约。EPA 扣除的履约配额量与报告的排放总量略有不同，原因包括数据的四舍五入、污染源补交配额的变化等。

自实施酸雨计划、CAIR 和 CSAPR 以来，美国火电厂的 SO_2 排放量显著降低，1990 至 2004 年间，火电厂的 SO_2 排放量减少了 36%，而发电量自 2000 年以来保持相对稳定。为了减少 SO_2 排放，火电厂采取了改用低硫燃料或安装末端控制技术等多种措施。1990 年 SO_2 排放量较高的几个州，已通过酸雨计划实现了最大程度的 SO_2 减排，这一趋势在 CAIR 和 CSAPR 中也得到了延续。这些州大多位于俄亥俄河谷，是酸雨计划和 CSAPR 重点保护的逆风地区，通过一系列 SO_2 减排措施，这些地区在环境和公共健康方面都取得了显著的改善。2018 年，酸雨计划中的发电机组排放了 120 万吨 SO_2，远低于酸雨计划设定的 895 万吨排放总量限额，酸雨计划的污染源 SO_2 排放量较 1990 年排放量减少了 1450 万吨（减少了 92%），较 1980 年排放量减少了 1600 万吨（减少了 93%）。CSAPR 和酸雨计划的所有污染源 SO_2 排放量为 130 万吨，较 2000 年（酸雨计划第二阶段）排放量减少了 1000 万吨（减少了 89%），较 2005 年（CAIR 和 CSAPR 实施前）排放量减少了 900 万吨（减少了 88%）。CSAPR 的污染源 SO_2 排放量从 2005 年的 810 万吨下降至 2018 年的 80 万吨，减少了 91%，第一交易计划和第二交易计划的 SO_2 排放量分别低于制定的排放总量限额 70 万吨和 50 万吨。酸雨计划和 CSAPR 下的发电机组 SO_2 平均排放强度降至 0.11 磅/百万英热单位，与 2005 年的排放强度相比下降了 85%，这一显著下降主要得益于燃煤机组 SO_2 排放控制技术的广泛应用，使燃煤机组的排放强度大幅降低，同时，新增的燃气机组也进一步帮助降低了 SO_2 排放强度。酸雨计划和 CSAPR 污染源 SO_2 排放趋势如表 3-1 所示。

表 3-1 酸雨计划和 CSAPR 污染源的 SO_2 排放趋势[①]

主要燃料	SO_2 排放量（万吨）				SO_2 排放强度（磅/百万英热单位）			
	2000 年	2005 年	2010 年	2018 年	2000 年	2005 年	2010 年	2018 年
煤品	1070.8	983.5	505.1	131.6	1.04	0.95	0.53	0.20
天然气	10.8	9.1	1.9	0.8	0.06	0.03	0.01	0.00
油品	38.4	29.2	2.8	0.2	0.73	0.70	0.19	0.10
其他	0.1	0.4	2.2	1.2	0.20	0.27	0.57	0.16
总量/平均	1120.1	1022.2	512.0	133.8	0.88	0.75	0.39	0.11

3.2 欧盟碳排放权交易市场

欧盟碳排放权交易体系（European Union's Emissions Trading Scheme，EU ETS）是全球气候变化领域市场交易治理最重要的应用之一，欧洲碳排放权交易市场也是全球规模第二大的碳排放权交易市场（中国碳排放权交易市场规模第一）。该体系覆盖了 27 个欧盟成员国以及包括挪威、冰岛和列支敦士登在内的 3 个欧洲经济区（European Economic Area，EEA）国家，共涉及 13000 多个固定排放设施和 2000 多家航空公司，涵盖约 20 亿吨碳排放量，约占全球碳排放量的 5%，占欧盟碳排放量的近一半。

目前，EU ETS 的发展经历了四个阶段：第一阶段（2005—2007 年）旨在建立碳排放权交易市场的基本架构；第二阶段（2008—2012 年）旨在实现较 1990 年碳排放水平减少 8%的目标；第三阶段（2013—2020 年）旨在实现

---

① 数据来源：EPA, 2018 Power Sector Programs – Progress Report

2020 年碳排放水平较 2005 年减少 21% 的目标；第四阶段（2021—2030 年）旨在实现 2030 年碳排放水平较 2005 年减少 43% 的目标。在近 20 年的发展历程中，EU ETS 经历了多轮改革，进入第三阶段后排放总量限额以每年 1.74% 的速率线性下降，第四阶段要求排放总量限额以每年 2.2% 的速率线性下降。同时，无偿分配方式逐步被拍卖分配和碳泄漏行业基准值法分配相结合的方式所取代，并最终实现全行业的全面拍卖分配。随着 EU ETS 不断深入实施，碳排放权交易市场的覆盖行业也不断扩大。此外，EU ETS 还建立了市场稳定储备机制（Market Stability Reserve，MSR），以应对碳排放权交易市场配额价格的波动。

3.2.1　排放总量限额和配额分配方案

在 EU ETS 的第一阶段和第二阶段，各成员国需要制定各自的国家分配方案（National Allocation Plans，NAP），并在其中明确各国拟分配的配额数量。欧盟委员会对 NAP 进行审核后，确定最终的配额，如果 NAP 与 EU ETS 的相关规定相悖，欧盟委员会将驳回 NAP。此时，EU ETS 相当于 30 个相互独立的碳排放权交易市场的集合。EU ETS 的排放总量限额是各成员国制定的排放总量限额之和，只有在欧盟委员会通过最后一个 NAP 后，才能确定 EU ETS 的最终排放总量限额。

NAP 的编制流程烦琐复杂，且各成员国核算配额的方法差异较大，欧盟委员会驳回了大量的 NAP 申报。第一阶段最后一个成员国的 NAP 是在第一阶段开始后的第 18 个月（2006 年 6 月）才通过的。第二阶段的 NAP 编制工作启动更早，但最后一个成员国的 NAP 也直到第二阶段开始前的一个月（2007 年 12 月）才被通过。第一阶段和第二阶段的排放总量限额分别为 20.58 亿吨和 18.59 亿吨。进入第三阶段后，欧盟委员会收回了制定排放总量限额的权利，配额的分配方式从分散向集中转变，各成员国需要编制国家执行措施（National Implementation Measures，NIM），并采用统一的方法为各成员国分配配额，2013 年 EU ETS 的排放总量限额为 20.84 亿吨，并以每年 1.74%

的速度线性减少。进入第四阶段后，排放总量限额以每年 2.2%的速率线性下降。

前两阶段的 NAP 存在两个严重的问题，一是配额的无偿分配方式让企业获得了"意外之财"，二是不同的配额核算方法导致成员国企业间的竞争扭曲。在 EU ETS 建立之初，分散且无偿的配额分配方式是有必要的，目的是确保所有成员国都尽可能参与 EU ETS。尽管欧盟议会从一开始就强烈要求大规模开展配额拍卖，但在 2003 年通过的 EU ETS 指令法案中仍要求第一阶段无偿分配 95%的配额，第二阶段无偿分配 90%的配额。虽然初期 EU ETS 以无偿分配为主，但很快这一模式便逐步被拍卖分配所取代。在前两阶段的 NAP 中，各成员国对 CO_2 排放的基准值没有达成统一意见，因此无偿分配不可避免地以 2005 年以前某些时期的历史排放量为基础，通过历史法无偿分配配额。在后来的 EU ETS 指令法案修订中，规定基准值按照 2005 年各行业碳排放效率的第 10 百分位数进行计算，各成员国由此对 CO_2 排放的基准值达成一致。随着行业分类标准的界定，欧盟委员会在第二阶段结束的前一年内为大约 50 个行业制定了基准值。各成员国在随后提交的 NIM 中明确了有资格获得免费配额的行业，以及基于基准值为企业提供的免费配额数量。

进入第三阶段后，EU ETS 确立了拍卖分配的基本原则，从 2013 年至 2027 年分阶段实施，一举回应了 NAP 的流程烦琐、无偿分配的意外之财、成员国竞争扭曲和缺乏协调等问题。EU ETS 逐步从无偿分配过渡到拍卖分配的过程中，部分行业由于参与 EU ETS 而面临国际竞争力下降的风险，甚至可能将生产转移至其他没有环境监管的国家，导致碳泄漏。为了应对这一问题，欧盟委员会制定了"碳泄漏"清单，清单中列出的行业将以更加平缓的过渡期来逐步取消无偿分配。在过渡期内，EU ETS 将采用基准值法进行配额的无偿分配。对于不存在碳泄漏风险的行业，如电力行业（占 EU ETS 排放量的约 50%），拍卖分配方式将从第三阶段开始全面取代无偿分配方式。在第三阶段中，电力行业的配额完全通过拍卖方式分配，制造业自 2013 年起的 80%配额通过无偿分配，且比例逐年下降，到 2020 年下降至 30%。2013—2020 年，能源密集型和贸易密集型行业的配额仍全部通过无偿分配的方式进行分配。在第四阶段中，电力行业的配额依旧全部采用拍卖方式分配，总配额的

43%仍旧无偿分配，且比例逐年下降，2026 年起全部配额采用拍卖方式分配。为应对 2026 年以后部分行业仍然存在的碳泄漏风险，欧盟委员会于 2023 年正式通过了碳边境调节机制（Carbon Border Adjustment Mechanism，CBAM），CBAM 将于 2026 年起全面起征，对欧盟进口的钢铁、铝、电力、水泥、化肥等行业产品征收碳边境税，以此来确保 EU ETS 涵盖的行业能够规避碳泄漏风险，保持国际竞争力并尽可能减少产业转移。欧盟存在已久的财政制度，让 EU ETS 配额拍卖收入的使用问题变得相对简单。由于布鲁塞尔没有独立的财政收入来源，其预算支出依赖成员国的资金支持，配额拍卖的收入将依照 EU ETS 修订指令法案，根据拍卖权分配给成员国，其中一部分将由各成员国提供给欧盟委员会，用于应对气候变化的相关措施以及 EU ETS 的日常运转。

3.2.2　监测、报告与核查体系

在前两阶段中，各成员国在碳排放设施的核算和监管体系上存在差异，导致了减排效果的差异。进入第三阶段后，为确保碳排放权交易市场数据的真实性、准确性和可靠性，EU ETS 建立了严格的监测、报告与核查（Monitoring, Reporting and Verification，MRV）体系，统一的 MRV 体系进一步提升了 EU ETS 的有效性和协调性。MRV 体系明确了排放设施、第三方机构、政府主管部门等各方职责，要求企业根据欧盟委员会制定的温室气体排放监测标准监测碳排放并形成排放报告，排放报告经第三方机构核证后，由第三方机构出具核查报告并提交至政府主管部门。MRV 体系对监测方案、监测范围、数据质量保障方法以及监测流程等都有明确规定。负责核证排放报告的第三方机构必须获得欧盟委员会的认证，并在其监督下开展核查工作。成员国主管部门具体执行 MRV 体系的相关条款，假如排放设施未能按期如实提交排放报告和第三方机构出具的核查报告，将受到严格处罚。如果第三方机构未能遵守欧盟委员会的标准对排放报告如实核查，则其核查认证证书将被吊销。监测和报告的完整性是 MRV 体系的核心要求，企业要在履约周

期开始前向主管部门提交一份流程完整的监测方法。

MRV 体系包含两套监测方法，即物料平衡法和实时监测法。由于多数情况下，物料的投入很难直接与碳排放联系起来，因此物料平衡法仅适用于无法开展实时监测的特定情况。实时监测法则通过在排放设施烟囱中安装仪表，利用连续排放监测系统在线监控温室气体的排放。为确保监测结果的一致性，欧盟对两类监测方法的相关参数制定了详细规定，并根据排放设施的生产规模和特征，确定了相应的系数进行计算。CO_2 排放量的计算公式为活动水平×CO_2 排放系数×净热值×转换系数，CO_2 排放系数和净热值采用联合国政府间气候变化专门委员会（Intergovernmental Panel on Climate Change，IPCC）于 2006 年发布的系数指南或 UNFCCC 发布的国家碳排放系数清单。MRV 体系的严格要求提高了监测和报告数据的准确性、一致性和透明度。

3.2.3　对违规行为的处罚

EU ETS 要实现有效减排，企业、第三方机构以及主管部门对 MRV 体系的执行力至关重要。MRV 体系主要依赖企业的监测报告和第三方机构的核查报告，由于第三方机构在争取企业的核查业务时会产生竞争，确保核查报告的公平性和准确性显得尤为重要。为此，MRV 体系通过一系列与 EU ETS 市场监管相关的立法，进一步加强了对第三方机构的监管，形成了由欧盟委员会、各成员国主管部门、金融监管机构等多方监管机构构成的全方位监管体系。

此外，对于未能如期履约的企业，MRV 体系制定了严格的处罚标准，并赋予成员国一定的处罚自由裁量权。MRV 体系规定，对超额排放的企业实施经济处罚，未按时提交足够数量配额的企业将面临每吨 100 欧元的罚款，并且需要在下一个履约年补足当年超额的碳排放配额。即企业在缴纳超额排放罚款后，超出的且未能对冲的碳排放配额将持续留到下个履约年补交而不能豁免，需补交超额排放量 1.08 倍的配额。

在 2021 年前，由于 EU ETS 始终存在一定程度的碳排放配额供给过剩，碳配额价格多年维持在 40 欧元/吨以下，此时的罚款力度是碳配额价格的 2.5 倍以上。但随着 2021 年欧盟委员会通过了"减碳 55%"（fit for 55）一揽子计划，欧盟碳配额价格飙升，并于 2023 年 2 月突破 100 欧元/吨大关，随后于 2023 年底跌至 66.8 欧元/吨，此时的罚款力度相较于碳配额价格已经不算大。此外，成员国还要公布未如期履约企业名单。对于未履约的航空公司，成员国有权要求欧盟委员会对其实施经营禁令，这意味着其他行业只需要在成员国法院对违规处罚进行上诉，而航空公司则需要通过欧盟法院来撤销经营禁令。

3.2.4　市场稳定储备机制

自 ET-EUS 建立以来，碳配额市场价格始终处于波动状态。2005 年初到年中，配额价格一直持续在 10 欧元/吨以下的较低水平。2006 年 4 月，配额价格超过 30 欧元/吨。2007 年第一次核查报告结果公布，报告显示市场配额过度供给，导致配额价格应声大幅下跌。2007 年 9 月，第一阶段规定禁止将配额储存至银行，导致配额价格跌至 1 欧元/吨以下，接近于 0。在第二阶段开启时，配额价格回升至近 30 欧元/吨，但随着 2008 年全球金融危机的爆发，配额价格于 2008 年底再度下跌。此后，配额价格持续下跌，在 2013 年第三阶段开启时，碳配额价格跌至 2007 年以来的最低水平，低于 5 欧元/吨。2013 年至 2016 年，碳配额价格一直都未突破 10 欧元/吨。2016 年，碳排放权交易市场有超过 20 亿吨的盈余配额，若 EU ETS 不改革，则大量的盈余配额将持续留存到第四阶段。

EU ETS 出现配额过度供给的原因主要有三个：一是 2008 年全球金融危机导致了工业产能和碳排放的下降；二是 EU ETS 第二阶段引入了碳补偿信用，并在第二阶段结束前提前拍卖了部分第三阶段的配额，并向市场上的新增企业发放了储备配额；三是 EU ETS 与欧盟其他能源气候政策相互影响，尤其是支持可再生能源发展的相关政策。

2010 年以来，欧盟委员会一直致力于解决配额过度供给问题和制定增强

EU ETS 应对配额需求冲击的弹性政策。短期而言，欧盟委员会从 2014 年至 2016 年的拍卖配额中保留了 9 亿吨配额，推迟到第三阶段末再进行拍卖，即所谓的"折量拍卖"。此举旨在暂时缓解 EU ETS 的配额过度分配，短时间内提升配额价格。虽然，欧盟委员会最初打算在第三阶段结束前将"折量拍卖"的配额放回到碳排放权交易市场中再次拍卖，但后来这些配额回流到了 MSR 中。

MSR 于 2019 年初启动，旨在长期解决碳配额供求失衡问题。当市场上的盈余配额超过 8.33 亿吨时，EU ETS 将从未来的配额拍卖量中扣除 12%存入 MSR 中；当市场上的盈余配额低于 4 亿吨时，EU ETS 将从 MSR 中向市场拍卖发放 1 亿吨的配额。假如 MSR 中的储备配额不足 1 亿吨，则发放 MSR 中所有的储存配额。当盈余配额维持在 4 亿吨至 8.33 亿吨之间时，EU ETS 将不激活 MSR。MSR 为 EU ETS 提供了一种基于规则的、非自由裁量的和可预测的机制来长期解决配额的供求失衡。

3.3 韩国碳排放权交易市场

在 2008 年全球金融危机之前，韩国的经济增速维持在 5%~8%之间。金融危机爆发后，韩国经历了经济衰退，2008 年和 2009 年的经济增速分别仅为 3%和 0.8%。为应对经济困境，韩国政府迫切需要出台新的产业政策，并积极参与全球应对气候变化的努力，以实现经济的可持续增长。在此背景下，韩国碳排放权交易市场应运而生。

3.3.1 韩国温室气体减排的政策背景

2008 年，韩国政府宣布将"低碳绿色增长"作为引领国家未来 50 年发展的愿景。这一政策的背景可追溯至 20 世纪 90 年代以来韩国面临的人口老龄化和经济潜在增长率下降等挑战，经济潜在增长率从 1995 年的 7%下降至

2010 年的 4%左右。全球气候变化对传统工业产生了重要影响，许多能源密集型制造业企业需要降低碳排放以应对气候变化的威胁。此外，随着中国和印度等发展中国家的快速崛起，韩国在钢铁、水泥、石油化工等重工业领域的国际竞争愈加激烈，而这些行业正是引领韩国在 20 世纪 70 年代至 90 年代经济快速增长的主导产业。为了实现经济的可持续增长，韩国政府决定通过转型高能耗制造业，推动低碳绿色经济的发展，从而提升产业的国际竞争力。

根据 IPCC 对非附件一国家建议的最高水平减排目标，韩国政府于 2009 年承诺了一个与低碳绿色增长政策一致的中长期减排目标，即到 2020 年温室气体排放量将较 2020 年基准情景水平减少 30%。基准情景的排放量是基于国家统计数据预测的，当时预测的韩国 2020 年基准情景 CO_2 排放量为 7.8 亿吨。韩国政府在基准情景预测排放量的基础上制定了三种不同情形的减排目标，分别是在 2020 年基准情景水平上减少 21%、27%和 30%，30%的减排目标则要求 2020 年 CO_2 排放量减少至 5.4 亿吨，承诺这一目标体现了韩国政府向低碳、高能效产业体系转型的强烈意愿。为了实现碳减排目标，韩国政府决定同时采用控制命令治理模式和市场交易治理模式。对于市场交易治理模式，韩国政府提议在工业和能源行业引入碳排放权交易市场。韩国政府认为，碳排放权交易市场是实现能耗密集型和碳排放密集型产业转型升级的最有效途径。

3.3.2　韩国碳排放权交易市场发展历程

在建立碳排放权交易市场前，韩国政府推出了一项命令性控制措施，即目标管理体系（Target Management System，TMS），并于 2012 年开始实施。TMS 是建立碳排放权交易市场前的一项过渡政策，旨在为年度温室气体排放量超过 2.5 万吨的 470 多家企业设定碳减排目标。TMS 作为一项过渡性的政策工具，对碳排放权交易市场的成功启动起到了至关重要的引导作用。TMS 推动了企业温室气体排放数据的核查与收集，这些数据为建立科学合理的碳配额分配方案和构建真实可靠的登记结算制度奠定了重要基础。与 EU ETS

第一阶段的探索不同，韩国碳排放权交易市场在启动时就已经通过 TMS 获得了更为可靠的历史排放数据。

起初，韩国碳排放权交易市场并不受传统工业行业的欢迎，这些行业担心该市场的引入将增加其生产经营成本。电力、钢铁、水泥、石油化工等重工业行业预计将会受到碳排放权交易市场的影响而面临较高的额外成本负担，并且与中国、印度等日益崛起且当时尚未采取相关减排措施的竞争对手相比，其国际竞争优势将大幅下降。此外，他们认为韩国制造业的能效已经处于较高水平，进一步提升能效的边际成本非常高，没有必要引入碳排放权交易市场。为平衡各方利益，韩国政府在国民议会上反复讨论后，在两党的一致支持下，决定设立气候变化与绿色增长特别委员会，负责审核碳排放权交易市场的法案，并最终于 2012 年 5 月通过该法案，该法案仅包括碳排放权交易市场的基本结构框架，在 2012 年 11 月最终确定其他交易规则。韩国碳排放权交易市场于 2015 年 1 月正式启动，分为三个阶段：第一阶段（2015—2017 年）、第二阶段（2018—2020 年）和第三阶段（2021—2025 年）。韩国碳排放权交易市场的发展历程如图 3-2 所示。

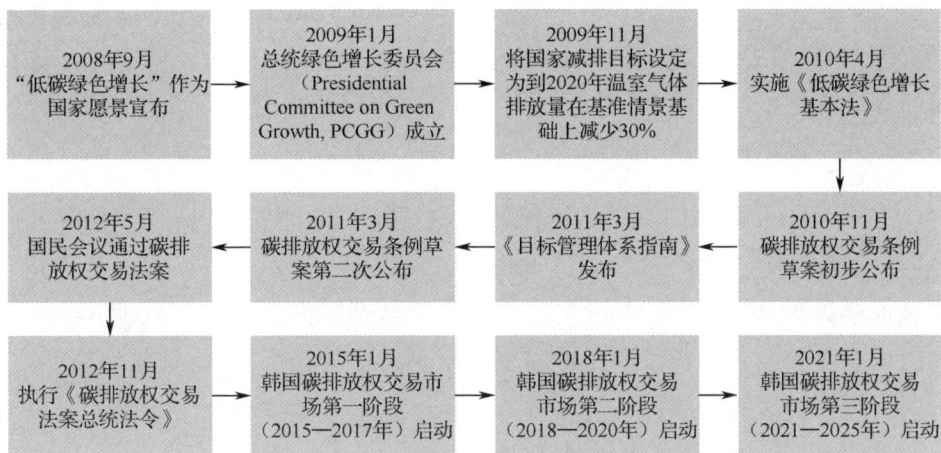

图 3-2 韩国碳排放权交易市场的发展历程

3.3.3　韩国碳排放权交易市场的主要特点

韩国碳排放权交易市场在设计上主要参考了 EU ETS，其主要特点如下：

（1）覆盖范围。

韩国碳排放权交易市场涵盖年度碳排放超过 12.5 万吨的企业和碳排放超过 2.5 万吨的固定设施，纳入钢铁、水泥、石油化工、炼油、能源、建筑、废弃物处理和航空业等八大行业的 600 多家企业，所覆盖的碳排放量占韩国碳排放总量的 73.5%。韩国碳排放权交易市场年度排放总量限额均超过 5 亿吨（如 2023 年为 5.9 亿吨）。该市场控制的温室气体包括《京都议定书》所规定的全部六种温室气体：二氧化碳、甲烷、氧化亚氮、全氟碳化合物、氢氟碳化合物、六氟化硫等。

（2）配额分配方式。

韩国碳排放权交易市场第一阶段的配额全部通过无偿分配方式分配；第二阶段无偿分配的比例下降至 97%，拍卖分配占比 3%；第三阶段无偿分配的比例进一步下降至 90%，拍卖分配的占比则提高至 10%。韩国的无偿分配方式同样也包括历史法（祖父分配法）和基准值法。第一阶段除水泥、炼油和航空业使用基准值法外，其他绝大多数行业以 2011—2013 年的年均碳排放量为基准，采用历史法分配配额。第二阶段逐步扩大采用基准值法的应用范围，2020 年近乎一半的行业采用基准值法分配配额。进入第三阶段，基准值法的应用范围进一步扩大至钢铁等行业。为应对碳泄漏风险，韩国碳排放权交易市场参照 EU ETS 的标准制定了一份"碳泄漏"清单，对碳排放密集型和出口贸易型企业仍旧按照 100%的比例分配免费配额。在每个履约周期内，韩国主管部门有权调整配额分配计划，例如，对于新建设施，主管部门可为其新增配额；针对并购、产品结构调整或产量计划调整等特殊情况，企业可向主管部门申请调整配额分配量；对完全关闭的固定设施，主管部门可取消其已分配的碳排放配额。在同一阶段内，企业可将碳配额储存至下个履约年，或下阶段首个履约年，也可以预借其他履约年的碳配额在当前履约年中使用。

韩国碳排放权交易市场对存储配额量无限制，但仅允许预借当前履约年 10% 的配额使用。

（3）市场稳定措施。

与 EU ETS 类似，当供需变化导致配额市场价格出现飙升或暴跌的大幅波动时，韩国主管部门可启动市场稳定措施（Market Stabilisation Measures，MSM）来稳定碳排放权交易市场的配额价格。韩国排放配额分配委员会（Emission Allowance Allocation Committee，EAAC）可在出现下列情形时决定是否启动 MSM：①过去 6 个月的配额平均价格较过去 2 年的配额平均价格上涨 3 倍以上；②过去 6 个月的配额平均价格较过去 2 年的配额平均价格上涨 2 倍以上，且单月交易量是过去 2 年同一月份平均交易量的 2 倍以上；③单月的配额平均价格较过去 2 年的配额平均价格下跌 60% 以上。MSM 的具体措施包括：①向市场发放不超过配额总量 25% 的预留配额；②限制配额的最低持有量（70%）和最高持有量（150%）；③限制配额的跨期存储和借贷；④限制核证减排量抵消配额履约的比例；⑤设置配额价格的涨幅上限和跌幅下限。

与 EU ETS 的 MSR 不同的是，韩国碳排放权交易市场的 MSM 不是基于规则的措施，主管部门拥有一定的自由裁量权。即使市场已经达到了 MSM 基于价格和交易量的触发条件，MSM 也不会自动启动，而是由 EAAC 根据生态环境部门的要求做出是否启动 MSM 的决定。此外，MSR 和 MSM 在市场调控机制上有所不同。MSR 是基于配额数量的调控体系，其触发条件和调控措施均基于市场上的盈余配额数量及 MSR 中的配额储备数量。而 MSM 则是基于配额价格和交易量的调控体系，其触发条件和调控措施是依据市场上的配额价格或交易量来启动的。

（4）灵活采取履约措施。

韩国碳排放权交易市场允许企业利用核证减排量抵消碳排放配额履约，抵消比例上限为 10%。在第一阶段，只有韩国国内的碳补偿信用可用于抵消配额履约。在第二阶段，国际碳补偿信用也可用于抵消配额履约，但国际碳补偿信用抵消比例不能超过总碳补偿信用抵消比例的 50%。进入第三阶段后，碳补偿信用抵消配额履约比例上限降至 5%，但不再单独设定国际碳补偿信用的抵消比例限制。韩国政府计划通过降低碳补偿信用的使用比例，鼓励企业加大对绿色低碳技术研发和应用的投资，而非依赖购买核证减排量来实现履约。

欧盟和韩国碳排放权交易市场的特征对比如表3-2所示。

表 3-2　欧盟和韩国碳排放权交易市场特征对比

对比项	欧盟碳排放权交易市场	韩国碳排放权交易市场
阶段划分	第一阶段：2005—2007 年 第二阶段：2008—2012 年 第三阶段：2013—2020 年 第四阶段：2021—2030 年	第一阶段：2015—2017 年 第二阶段：2018—2020 年 第三阶段：2021—2025 年
排放总量限额	以每年 2.2%的速度线性下降	到 2020 年，较基准情景水平减少 30%
配额分配方式	在第四阶段更多地使用拍卖分配方式 2026 年实现 100%拍卖分配 无偿分配采用基准值法	在第三阶段无偿分配方式占比 90%，拍卖分配方式占比 10% 采取历史法分配的行业逐渐减少
灵活履约机制	限制 CDM 机制信用的使用 无限制的配额存储和借贷	限制碳补偿信用的使用 无限制的配额存储和限制的配额借贷
碳泄漏风险	纳入"碳泄漏"清单的行业 100%采用无偿分配方式	纳入"碳泄漏"清单（与欧盟清单标准相同）的行业 100%采用无偿分配方式
未履约处罚	对未履约企业处罚 100 欧元/吨	对未履约企业按配额市场价格 3 倍以上处罚，最高处罚 10 万韩元/吨

3.4　本章小结

本章介绍了国际排放权交易市场的实践情况，包括美国 SO_2 排污权交易市场、欧盟碳排放权交易市场和韩国碳排放权交易市场。

美国 SO_2 排污权交易市场是总量控制与交易体系的首个成功应用，证明了市场交易治理模式能够以较低的经济成本实现减排目标。EPA 通过污染源自行监测排放、主管部门严格审查和超额排放高额处罚的监管体系，使市场中几乎所有的控排单位都完成了履约。由于发电机组都采用了先进烟气脱硫控制技术，市场上产生大量的盈余配额未使用，导致二级市场中配额的平均价格较低，但 SO_2 的减排效果却非常明显。

欧盟碳排放权交易市场是全球规模第二大的温室气体总量控制与交易体系。其排放总量限额和配额分配方案的确定，已经从成员国各自制定的松散管理转向欧盟委员会统一制定的集中管理。在 MRV 体系中，企业自行监测排放并形成排放报告，第三方机构对企业的排放报告进行核查并出具核查报告。欧盟委员会对未履约企业实施一定的处罚，并对第三方机构实施严格监管。为应对市场配额价格波动，EU ETS 从第三阶段起实施了基于配额数量的 MSR 调控机制。

韩国碳排放权交易市场是东亚第一个全国性温室气体总量控制与交易体系，也是全球规模较大的碳排放权交易市场之一。韩国碳排放权交易市场在很大程度上借鉴了 EU ETS 的成功经验，因此其市场特点与欧盟非常相似，包括在分配配额时考虑到碳泄漏风险，参照欧盟标准制定了"碳泄漏"清单，为清单内行业提供 100% 的免费配额。此外，韩国还建立了与欧盟 MSR 类似的 MSM 来调控市场。然而不同的是，韩国的 MSM 是以配额价格和交易量为基础来触发并启动调控的。

美国颁布的《清洁空气法》、欧盟出台的碳排放权交易指令法案、韩国通过的碳排放权交易法案分别为各自的排放权交易市场奠定了法律基础。在这些市场的初期阶段，普遍采用以无偿分配为主的配额分配方式，美国和欧盟主要采用基准值法无偿分配配额，韩国主要采用历史法无偿分配配额。但是无偿分配对企业来说是一种"意外之财"，会造成市场扭曲。因此，随着碳排放权市场的发展，拍卖分配的比例会逐渐提升。

第 四 章

湖北省碳排放权交易试点实施效果分析

2013—2014 年，中国启动了七个碳排放权交易试点建设，并在试点的基础上，于 2021 年正式启动全国碳排放权交易市场。碳排放权交易的目标是实现温室气体减排，并以较低成本推动能源转型。湖北省碳排放权交易试点自 2014 年起开始运行，分析其实施效果可以为完善全国碳排放权交易提供宝贵经验。

本章首先梳理了七个碳排放权交易试点和全国碳排放权交易的发展概况，特别详细阐述了湖北省试点的情况。接着，采用 LMDI 方法对湖北省工业 CO_2 排放的主要贡献因素进行了分解分析，并构建 DID 模型评估湖北省试点的实施效果，进一步分析了碳排放权交易对主要贡献因素的影响，深入剖析了评估结果的深层次原因。最后，通过对湖北省试点实施效果的分析，为全国碳排放权交易市场的建设提出政策建议。

4.1 中国碳排放权交易发展概况

4.1.1 碳排放权交易市场建设进展

自 2005 年起，中国超越美国成为全球最大的 CO_2 排放国，并成为国际气候谈判中的重要关注对象。为了履行在国际气候谈判中的相关承诺，中国将碳排放权交易作为重要市场工具，以控制日益增长的温室气体排放。碳排放权交易能够以较低成本实现碳减排。

2011 年 10 月，国家发展改革委确定在北京、上海、天津、重庆、广东、湖北和深圳七个省市建立碳排放权交易试点。2013—2014 年，七个碳排放权交易试点先后开启运行。2014 年，七个试点总共发放了约 12 亿吨碳排放配额，占当年全国碳排放配额的 11.4%。试点市场覆盖了电力、钢铁、水泥等 20 多个行业近 3000 家重点排放单位。截至 2021 年 9 月，各碳排放权交易试点市场累计完成配额成交量 4.95 亿吨，成交额约 119.78 亿元。

2017 年 12 月，国家发展改革委印发《全国碳排放权交易市场建设方案（发电行业）》，标志着中国正式启动全国碳排放权交易市场建设，市场仅覆盖发电行业。在 2018 年国务院机构改革中，应对气候变化和减排的职责从国家发展改革委划转至生态环境部，碳排放权交易市场建设的相关职能也随之纳入生态环境部。2019 年 1 月，生态环境部发布《关于做好 2018 年度碳排放报告与核查及排放监测计划制定工作的通知》，要求核算重点排放单位的温室气体排放量及相关数据。2019 年 3 月，生态环境部出台《碳排放权交易管理暂行条例（征求意见稿）》，开启了碳排放权交易的立法工作。2019 年 12 月，财政部发布《关于印发<碳排放权交易有关会计处理暂行规定>的通知》，明确了碳排放权交易的相关会计准则。2020 年 12 月，生态环境部印发《碳排放权交易管理办法（试行）》，为开展全国碳排放权交易奠定了制度基础。2021 年 7 月 16 日，全国碳排放权交易市场正式开启，呈现成交量总体减少、价格总体上升的特征。市场开启首日交易活跃，碳配额挂牌协议交易成交量高达 410 万吨，但从第二个交易日开始，挂牌成交量显著下降。全国碳排放权交易市场开市初期，碳排放配额收盘价稳定在 55 元/吨左右，随后价格不断出现波动。截至 2023 年 9 月 28 日，全国碳排放权交易市场碳排放配额累计成交量已达到 2.9 亿吨，累计成交额 142.4 亿元，当日碳排放配额收盘价已升至 76 元/吨。

尽管七个碳排放权交易试点在中国的碳排放权交易市场中所占份额较小，但却是中国致力于碳减排迈出的第一步。值得一提的是，七个试点包含了四个直辖市（中国所有的直辖市）、两个重要省份（广东为东部沿海经济大省，湖北为联通东西、贯穿南北的中部重要省份）和一个经济特区，这些地区在全国政治和经济格局中具有重要影响力，全国碳排放权交易市场的建设可以借鉴碳排放权交易试点的经验与教训。

4.1.2　建设碳排放权交易的驱动力

中国选择通过碳排放权交易而非碳税来控制温室气体排放，主要原因包括命令控制型政策工具的低效性、国内外排放权交易市场的成熟经验以及主管部门的政治需要等。中国碳排放权交易的机制设计类似于可交易的绩效标准（Tradable Performance Standard，TPS），主管部门明确了表征行业先进水平的碳排放强度，即标杆标准，并结合产出量，确定了各企业可获得的可交易碳排放配额。相较于严格的一刀切型传统命令控制型政策工具，基于市场的碳排放权交易能够以较低成本实现碳减排。

如第三章所述，排放权交易体系现阶段已相对成熟，成为全球各国（地区）治理环境和控制排放的重要市场工具。与此同时，中国自 20 世纪 90 年代初开始试行区域 SO_2 排污权交易，并由国家环境保护总局实施排放总量控制措施，同时在"九五"期间制定了全国 SO_2 排放控制目标。在排污许可证试点的基础上，国家环境保护局于 1994 年先后在六个城市开展了大气污染物排污权交易试点。2002 年，国家环境保护总局在七个省市开展了 SO_2 总量控制及排污交易试点，旨在推动全国排污权交易体系的建立。SO_2 总量控制及排污交易通过较低的成本成功实现了 SO_2 减排目标。中国 SO_2 排污权交易的试点经验增强了通过市场手段应对环境挑战的信心。

中国选择市场工具来控制碳排放的另一个重要原因是政治因素。国家发展改革委是国务院最重要的组成部门之一，主要负责拟订经济社会发展政策、指导经济体制改革和宏观调控。在 2018 年国务院机构改革以前，温室气体减排的相关职能主要由国家发展改革委气候变化司牵头负责，而污染物减排的相关职能则由生态环境部牵头负责。生态环境部在推动污染物减排过程中，主要推行环境保护税。2016 年 12 月，第十二届全国人民代表大会常务委员会第二十五次会议通过了《中华人民共和国环境保护税法》，其中并未纳入碳税。为区别于环境保护税，且不依赖财政和税务部门开展碳减排相关工作，国家发展改革委更倾向于采用碳排放权交易来控制碳排放。

此外，中国支持发展碳排放权交易的另一个重要原因是其积极参与了CDM项目。CDM是《京都议定书》中基于碳排放权交易市场的减排项目，允许发达国家通过投资发展中国家的减排项目来抵消其碳排放，从而实现减排目标。截至2019年底，中国参与的CDM项目占亚洲注册项目的56.7%，核证减排量（Certified Emission Reduction，CER）占亚洲的72.7%。CDM项目帮助中国提升了建设碳排放权交易市场的能力，并形成了积极游说建立碳排放权交易市场的利益集团。随着碳排放量的不断增加，中国在CDM体系中的主导地位逐渐减弱，为提升中国核证减排项目的国际地位，中国亟须大力发展国内的碳排放权交易市场。

4.1.3　中国碳排放权交易的主要特点

1）试点地区概况

七个碳排放权交易试点地区的经济社会发展水平不一，在年末人口、第二产业比重和居民人均收入等方面存在较大差异。七个试点地区及全国2021年经济社会发展现状如表4-1所示。部分试点地区发展水平与全国平均水平大体相当（湖北、重庆），而其他试点地区发展水平明显高于全国平均水平（如北京、天津、上海、广东、深圳）。在这些地区，大多数试点积极推动低碳产业的发展，导致碳排放强度逐步下降，从而在较大程度上缓解了碳排放权交易对经济增长的制约。不同试点地区的异质性将推动对不同类型地区碳排放权交易技术的研究，并推动将各试点积累的经验与教训推广至其他具有相似特征的地区，乃至全国碳排放权交易市场。

表 4-1　七个试点地区及全国 2021 年经济社会发展现状[1]

地区	人口（万人）	人均 GDP（万元/人）	第二产业占比（%）	人均收入（元）
北京	2189	18.4	18.0%	75002
天津	1373	11.4	37.3%	47449
上海	2489	17.4	26.5%	78027
湖北	5830	8.6	37.9%	30829
广东	12684	9.8	40.4%	44993
重庆	3212	8.7	40.1%	33803
深圳	1768	17.3	37.0%	70847
全国	141260	8.1	39.4%	35128

此外，七个试点地区均是中国城乡区域协调发展的战略要地。北京市和天津市是京津冀地区的中心城市，上海市是长三角地区的核心城市，广东省和深圳市地处粤港澳大湾区腹地，它们分别是京津冀协同发展、粤港澳大湾区建设、长三角区域一体化发展的重要支撑，三大动力源区域在推动全国经济高质量发展中发挥着至关重要的作用，并且是国家经济稳定的压舱石。湖北省在长江经济带发展中承担着协调东中西互动合作发展的关键枢纽作用，也是长江中游城市群的节点城市。重庆市是成渝地区双城经济圈的重要增长极，也是西部地区创新发展高地。

根据国家发展改革委的要求，各试点地区可以灵活确定本地区的市场规则。国家发展改革委为试点地区制定了配额管理、交易流程、排放报告、监测和监督的总体规则，各试点地区则根据本地实际情况，研究并制定了碳排放权交易市场的具体细则，涵盖覆盖范围、配额分配以及市场稳定措施等内容。国家发展改革委统筹碳排放权交易试点的全局发展，并授予地方政府更大的自主决策空间。值得一提的是，北京市和重庆市的碳排放权交易试点规章制度是由地方人民代表大会颁布并实施的，而其他五个试点地区则是通过地方政府指令发布规章制度。各试点地区都根据国家发展改革委的总体指导

---

[1] 数据来源：《中国统计年鉴 2021》和《深圳市 2021 年国民经济和社会发展统计公报》。

方针调整细则，以满足各自试点的建设需求。各试点地区市场交易规则的差异，也导致了各地之间难以实现联动发展。

2）总量限额控制

排放总量限额是碳排放权交易的核心要素之一。如第三章所述，欧盟第三阶段碳排放权交易（2013—2020 年）要求碳排放总量以每年 1.74%的速度递减，以确保 2020 年温室气体排放比 1990 年降低 20%以上，这一规定充分激发了碳排放权交易的减排作用。然而，我国在"十三五"规划和"十四五"规划中仅明确了碳排放强度减排目标，并未设定明确的碳排放总量减排目标。因此，无论是七个碳排放权交易试点还是全国碳排放权交易体系，均未明确提出逐年下降的排放总量限额。碳排放配额总量是根据各管控企业的配额分配情况及部分储备配额进行求和计算的，采用的是一种自下而上的方法来设定排放总量。在扩张生产时，由于产量的提高，采用基准值法和历史强度法分配配额的企业所获得的免费配额也将增加。反之，在缩减生产时，企业所获得的免费配额也将减少。

3）纳入行业范围

七个碳排放权交易试点涵盖了不同行业，主要包括电力、热力、化工、钢铁和水泥等碳排放密集的产业，并针对不同行业设置了不同的门槛。门槛值通常是企业的年度排放量、能源消耗量或生产规模，当企业的相关指标超过门槛值时，将被纳入碳排放权交易体系，试点门槛值越低，纳入的企业也将越多。七个试点的产业结构和碳排放结构各异，因此其所纳入的行业也各不相同。其中，天津、上海、广州与欧盟等国际先进地区类似，将航空等交通运输行业纳入碳排放权交易体系，而其他四个试点则未涵盖移动排放源。全国碳排放权交易市场目前仅涵盖了火电行业，根据年度温室气体排放量达到 2.6 万吨 CO_2 当量的门槛标准，共纳入超 2200 家企业，这些企业的碳排放总量约为 40 亿吨，占全国碳排放总量的 40%。中国碳排放权交易市场纳入行业范围如表 4-2 所示。

表 4-2 中国碳排放权交易市场纳入行业范围[2]

碳排放权交易市场	纳入行业
北京	企业、事业单位、国家机关及其他单位为重点排放单位，未明确限制纳入行业，纳入门槛：年度温室气体排放量在 5000 吨 CO_2 当量（含）以上
天津	电力、热力、钢铁、化工、油气开采、建材、造纸、航空等行业的企业
上海	工业（钢铁、石化、化工、有色、电力、建材、纺织、造纸、橡胶、化纤）行业的企业，以及交通（航空、港口、水运）、建筑（商业、宾馆、商务办公、机场）等非工业企业
湖北	钢铁、石化、水泥、化工、热力生产和供应、玻璃及其他建材、有色金属和其他金属制品、设备制造、汽车制造、陶瓷制造、医药、热力及热电联产、造纸、纺织业、食品饮料、水生产与供应行业及其他行业的企业
广东	水泥、钢铁、石化、造纸、民航、数据中心、纺织、陶瓷等行业的企业
重庆	电力、冶金、化工、水泥、钢铁等行业的企业，2015 年前，将 2008—2012 年任意一年年度温室气体排放量达 2 万吨 CO_2 当量的工业企业纳入配额管理范畴
深圳	电力、制造业、水供应等行业的企业，建筑企业
全国	火电行业，纳入门槛：年度温室气体排放量达到 2.6 万吨 CO_2 当量

4）配额分配

七个碳排放权交易试点地区采取了不同的配额分配方式和方法。其中，北京、广东和深圳采用的是无偿分配为主、有偿分配为辅的分配方式，其余四个试点地区均采用无偿分配的方式。针对不同行业的重点排放单位，七个试点地区主要采用基准值法和祖父分配法对碳排放配额进行核定分配。全国碳排放权交易对所有纳入火电企业均采用无偿分配方式，且以基准值法作为配额分配的方法。

祖父分配法包括历史排放法和历史强度法，主要适用于生产工艺流程差异较大的行业。考虑到不同行业在历史排放、减排潜力和排放效率等方面的差异，祖父分配法通常引入行业控排系数以调整不同行业的配额分配。基准值法主要适用于生产工艺流程较简单的行业，通常通过设定行业内较为先进的碳排放强度作为标杆值，再根据企业的实际产量计算其应分配的碳排放配

---

2 数据来源：试点省市《碳排放权管理和交易暂行办法》和《纳入 2019—2020 年全国碳排放权交易配额管理的重点排放单位名单》。

额。尽管祖父分配法实施起来相对容易，但其缺乏对技术创新的有效激励。相比之下，基准值法不仅能够促进高效排放企业的技术创新，还为行业内企业提供了可参考、可比较的标杆技术。表 4-3 所示为中国碳排放权交易的配额分配方式。

表 4-3　中国碳排放权交易的配额分配方式[3]

碳排放权交易市场	配额分配方式	配额分配方法	配额总量
北京	无偿分配为主、有偿分配为辅	基准值法、历史排放法、历史强度法	0.5 亿吨
天津	无偿分配	历史强度法、历史排放法	0.75 亿吨
上海	无偿分配	基准值法、历史排放法、历史强度法、拍卖法	1.09 亿吨
湖北	无偿分配	基准值法、历史排放法、历史强度法	1.82 亿吨
广东	无偿分配为主、有偿分配为辅	基准值法、历史排放法、历史强度法（下降）、拍卖法（50 万吨）	2.66 亿吨
重庆	无偿分配	基准值法、历史排放法（下降）、历史强度法（下降）	1.3 亿吨
深圳	无偿分配为主、有偿分配为辅	基准值法、历史强度法、拍卖法（3%）	0.25 亿吨
全国	无偿分配	基准值法	45 亿吨

5）监测、报告与核查（Monitoring，Reporting and Verification，MRV）体系

全国碳排放权交易市场和七个碳排放权交易试点都建立了 MRV 体系，对重点排放单位的碳排放及履约情况进行核查，以确保减排和交易的可靠性。在 MRV 体系中，重点排放单位需自行监测碳排放并形成排放报告，将排放报告提交至政府相关部门认定的第三方机构进行核查并出具核查报告。在一些试点地区，如上海和广东，还要求独立的第四方机构对第三方机构提交的核查报告进行复查，以进一步保障碳排放数据的真实性。不同的 MRV 体系在制度设计上非常相似，仅在技术层面有一些细微的差异，中国碳排放权交

---

3 数据来源：试点省市《碳排放权配额分配方案》和《2021、2022 年度全国碳排放权交易配额总量设定与分配实施方案（发电行业）》。

易的 MRV 体系如表 4-4 所示。为确保所有达到纳入门槛的企业都能够进入碳排放权交易体系，政府相关部门通常要求扩大碳排放报告的范围，并将企业报告碳排放的门槛值设定为不高于纳入碳排放权交易的门槛值。

表 4-4　中国碳排放权交易的 MRV 体系[4]

碳排放权交易市场	每年排放报告日期	报告门槛	每年核查报告日期	核查门槛
北京	2 月 28 日	能耗量在 2000 吨标准煤以上	3 月 27 日	排放量在 1 万吨以上
重庆	2 月 20 日	排放量在 2 万吨以上	3 月 13 日	排放量在 2 万吨以上
广东	3 月 15 日	排放量在 1 万吨以上或能耗量在 5000 吨标准煤以上	4 月 30 日	排放量在 2 万吨以上或能耗量在 1 万吨标准煤以上
湖北	2 月 28 日	能耗量在 6 万吨标准煤以上	4 月 30 日	能耗量在 6 万吨标准煤以上
上海	3 月 31 日	排放量在 1 万吨以上	4 月 30 日	排放量在 2 万吨以上
深圳	3 月 31 日	排放量在 1000 吨以上	4 月 30 日	工业排放量在 1000 吨以上，公共建筑面积达 10 平方千米以上
天津	4 月 30 日	排放量在 1 万吨以上	4 月 30 日	排放量在 2 万吨以上
全国	3 月 31 日	排放量达到 2.6 万吨 CO_2 当量	6 月 30 日	排放量达到 2.6 万吨 CO_2 当量

　　企业的碳排放核算需要遵循统一的标准体系。生态环境部要求纳入全国碳排放权交易的企业按照其印发的《企业温室气体排放核算方法与报告指南发电设施（2022 年修订版）》核算年度碳排放量。各试点地区要求纳入碳排放权交易试点的企业，按照中国国家标准化管理委员会发布的《工业企业温室气体排放核算和报告通则》核算年度碳排放量。该标准明确了发电、钢铁、航空、化工和水泥等 10 个重点行业的碳排放量核算和报告详细条款。2022 年 4 月，经碳达峰碳中和工作领导小组审议通过，国家发展改革委、国家统计局和生态环境部联合印发《关于加快建立统一规范的碳排放统计核算体系

---

　　4 资料来源：试点省市《碳排放权管理和交易暂行办法》和《关于做好 2022 年企业温室气体排放报告管理相关重点工作的通知》。

实施方案》，要求建立全国及地方碳排放统计核算制度，进一步完善行业企业碳排放核算机制。

全国碳排放权交易和五个碳排放权交易试点（重庆、广东、湖北、上海、天津）的碳排放核查费用由各省市地方政府承担，仅北京和深圳两个试点要求企业支付核查费用，承担核查费用的省市地方政府通常通过购买服务的方式委托技术服务机构提供核查服务。除湖北和深圳两个试点外，其余的碳排放权交易体系对未按时提交碳排放报告或虚报、瞒报碳排放的企业制定了处罚条款，如表4-5所示。

表4-5 未按时报告或瞒报的处罚[5]

碳排放权 交易市场	经济处罚	责令改正	记入商业信用 报告	取消政府 支持	纳入国有企业 绩效考核
北京	一定额度	是			
上海	1万元～5万元		是		
天津		是	是	是	
重庆		是		是	是
广东	1万元～5万元	是			
湖北					
深圳					
全国	1万元～3万元	是			

6）强制履约

全国碳排放权交易市场和七个碳排放权交易试点都制定了各种处罚措施，以确保企业按时履约。重点排放单位必须在截止日期前向各省市主管部门提交与碳排放量相对应的碳排放配额，未按时履约的企业将面临行政和经济处罚。除天津试点外，其他碳排放权交易体系对企业的超额排放实施经济处罚。部分试点对超额排放按照碳排放配额市场价的3～5倍进行处罚，而其他碳排放权交易体系则制定了具体的处罚金额范围。除经济处罚外，部分碳

---

5 资料来源：试点省市《碳排放权管理和交易暂行办法》和《全国碳排放权交易管理办法（试行）》。

排放权交易体系还规定，在分配下一年度碳排放配额时，按比例核减未履约企业的超额排放量。此外，其他行政处罚措施包括将未履约行为记入企业的商业信用报告中，取消政府对该企业在能源、环境和应对气候变化等方面的支持，并将未履约行为纳入国有企业的绩效考核等，如表4-6所示。

表4-6　逾期未履约的处罚[6]

碳排放权交易市场	经济处罚	核减超额排放配额	记入商业信用报告	取消政府支持	纳入国有企业绩效考核
北京	3～5倍				
重庆	3倍			是	是
广东	5万元	双倍	是		
湖北	3倍但不超过15万元	双倍	是	是	是
上海	5万元～10万元		是	是	
深圳	3倍	一倍	是	是	是
天津				是	
全国	2万元～3万元	一倍			

当行政和经济处罚力度足够大时，碳排放权交易的履约率将显著提升。经济处罚能够激励企业按时履约，对超额排放按照配额市场价成倍处罚大幅增加了企业的未履约成本。行政处罚同样重要，通过在下一阶段的配额分配中扣除超额排放量，将加重未履约企业未来履约的负担。目前，中国各碳排放权交易体系的履约率均接近或达到100%，但高履约率可能与各碳排放权交易市场配额供应充足有关。

7）灵活履约机制

全国碳排放权交易市场和七个碳排放权交易试点均允许企业使用一定比例的中国核证自愿减排量（China Certified Emission Reduction，CCER）来抵消碳排放配额清缴并完成履约。引入灵活履约机制能够降低企业的履约成本，

---

6 资料来源：试点省市《碳排放权管理和交易暂行办法》和《全国碳排放权交易管理办法（试行）》。

然而 CCER 的过度使用可能会大幅削弱碳排放权交易的作用，因此各碳排放权交易体系将 CCER 的使用比例限制在 5%～10% 之间。自愿减排交易市场是以 CCER 项目为基础的碳信用补偿市场，CCER 项目与 CDM 项目密切相关，二者的项目方法学也高度相似，国家发展改革委、生态环境部等部门在项目方法学制定和项目注册等方面，扮演着类似于 CDM 执行理事会的角色。

2017 年 3 月，国家发展改革委发布公告称，鉴于 CCER 交易量小、个别项目申报不规范等原因，暂缓受理 CCER 方法学、项目、减排量等备案申请。目前，可交易的存量 CCER 剩余 5300 万吨，全国碳排放权交易第一个履约周期累计使用 3273 万吨 CCER 用于抵消碳排放配额清缴，市场中可流通的 CCER 仅剩 1000 万吨左右。根据《全国碳排放权交易管理办法（试行）》的规定，全国碳排放权交易中的重点排放单位可使用 CCER 抵消其 5% 的排放量，按照其 40 亿吨的碳排放总量规模计算，市场可使用 2 亿吨的 CCER 抵消碳排放配额清缴，与 1000 万吨的存量 CCER 相距甚远，CCER 供应缺口巨大。2023 年 10 月，生态环境部和市场监管总局联合印发《温室气体自愿减排交易管理办法（试行）》，标志着即将重启 CCER 项目。2023 年 11 月，国家应对气候变化战略研究和国际合作中心先后发布了《温室气体自愿减排注册登记规则（试行）》和《温室气体自愿减排项目设计与实施指南》，北京绿色交易所发布了《温室气体自愿减排交易和结算规则（试行）》，进一步完善了 CCER 市场交易的灵活履约机制。2024 年 1 月，丁薛祥副总理出席全国温室气体自愿减排交易市场启动仪式，并宣布全国温室气体自愿减排交易市场启动。表 4-7 所示为中国碳排放权交易 CCER 地域限制规则。

表 4-7 中国碳排放权交易 CCER 地域限制规则[7]

碳排放权交易市场	地域限制类型	本地比例要求	抵消比例上限	项目类型限制
北京	本地优先	≥50%	≤5%配额	排除工业天然气、水电
重庆	全国流通	—	≤8%核证排放量	排除碳汇、水电

7 资料来源：试点省市《碳排放权管理和交易暂行办法》和《全国碳排放权交易管理办法（试行）》。

续表

碳排放权交易市场	地域限制类型	本地比例要求	抵消比例上限	项目类型限制
广东	本地主导	≥70%	≤10%核证排放量	50%以上来自CO₂和甲烷，排除水电、化石燃料
湖北	全国自由流通	来自全国各地	≤10%配额	仅包含小水电项目
上海	仅非管控企业项目	—	≤5%配额	无特殊限制
深圳	全国开放	—	≤10%核证排放量	限可再生能源、农林碳汇
天津	区域协同	京津冀≥60%	≤10%核证排放量	排除水电、pre-CDM
全国	全国统一准入	—	≤5%核证排放量	—

4.2 湖北省碳排放权交易试点基本情况

2014年4月，湖北省碳排放权交易试点正式启动，涵盖电力、钢铁、水泥、化工等12个行业，共涉及138家企业，所涵盖的碳排放量占湖北省2011年碳排放总量的35.81%，排放总量限额为3.24亿吨。截至2022年，湖北省试点纳入的行业数增至16个，企业数增至343家，排放总量限额下降至1.8亿吨。

根据《湖北省2022年度碳排放权配额分配方案》，碳排放权配额分为三类：年度初始配额、政府预留配额和新增预留配额。年度初始配额为无偿分配给企业的初始配额之和；政府预留配额主要用于政府调控配额市场价格，占排放总量限额的6%；排放总量限额中剩下的碳排放配额则为新增预留配额，主要在企业增加生产时进行分配。

湖北省试点碳排放配额的分配方式主要有三类：基准值法（"标杆法"）、历史强度法和历史排放法。其中，水泥行业（非外购熟料型）采用基准值法分配碳排放配额；热力生产和供应、造纸、玻璃及其他建材、水生产与供应、设备制造、纺织业等行业采用历史强度法分配碳排放配额；除上述行业外的其他行业，则采用历史排放法分配碳排放配额。

采用基准值法的企业，年度实际应发配额量为企业当年实际产量、行业基准值（行业标杆值）和市场调节因子的乘积；采用历史强度法的企业，年度实际应发配额量为企业当年实际产量、历史碳强度值、行业控排系数和市场调节因子的乘积；采用历史法的企业，实际应发配额量为企业历史排放基数、行业控排系数、市场调节因子和正常生产天数的乘积再除以365天。

在履约周期开始时，政府将按照上一年度实际履约量的70%向企业发放配额。在企业完成当年碳排放数据核查后，政府将根据企业的实际生产情况核定其最终应发配额量，并对企业的分配配额进行多退少补。

根据《湖北省碳排放权交易管理暂行办法》对 MRV 体系的规定，企业必须制定当年碳排放数据质量控制计划，报送相关主管部门后自行监测碳排放，并于当年3月最后一个工作日前向相关主管部门提交上一年度的碳排放报告。相关主管部门通过政府购买服务的方式，委托第三方核查机构对企业的碳排放进行核查，并向相关主管部门提交核查报告。湖北省碳排放权交易试点的运行模式如图4-1所示。

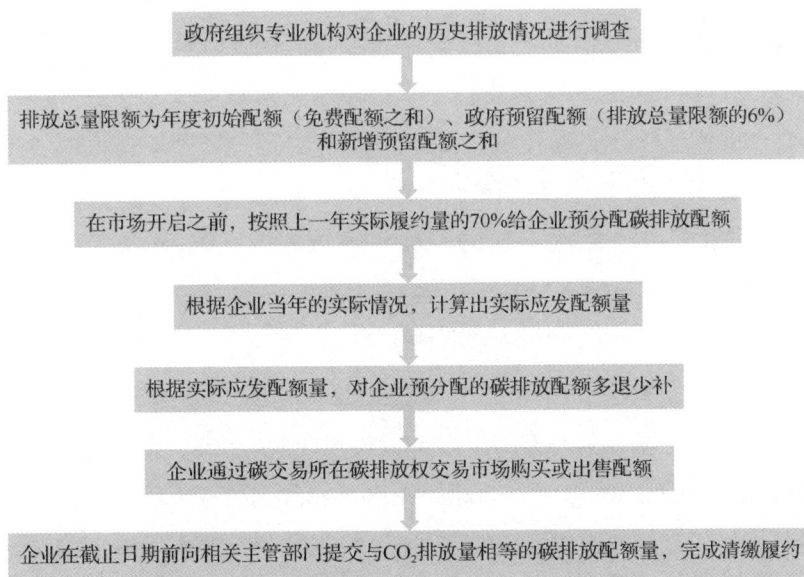

政府组织专业机构对企业的历史排放情况进行调查

排放总量限额为年度初始配额（免费配额之和）、政府预留配额（排放总量限额的6%）和新增预留配额之和

在市场开启之前，按照上一年实际履约量的70%给企业预分配碳排放配额

根据企业当年的实际情况，计算出实际应发配额量

根据实际应发配额量，对企业预分配的碳排放配额多退少补

企业通过碳交易所在碳排放权交易市场购买或出售配额

企业在截止日期前向相关主管部门提交与CO_2排放量相等的碳排放配额量，完成清缴履约

图 4-1 湖北省碳排放权交易试点的运行模式

4.3 湖北省碳排放权交易试点实施效果评估

为评估湖北省碳排放权交易试点的实施效果，采用对数平均迪氏指数分解法（Logarithmic Mean Divisia Index，LMDI）量化了湖北省工业 CO_2 排放的影响因素，并分析了这些因素对排放量变化的贡献度，将湖北省 2005 年至 2018 年的工业 CO_2 排放变化分解为经济规模效应、经济结构效应、能源效率效应和能源结构效应。随后，构建了双重差分（DID）模型，探讨了湖北省实施碳排放权交易试点对工业 CO_2 排放的影响，并分析了该政策对各排放贡献因素的影响，从而揭示了湖北省碳排放权交易试点实施效果的深层次原因。

4.3.1 文献综述

目前，国内外学者已经开发了多种方法测算 CO_2 排放影响因素的贡献度。Yang（2015）使用扩展的随机环境影响评估模型（Stochastic Impacts by Regression on Population, Affluence and Technology, STIRPAT）对北京市碳排放影响因素进行了研究，重点分析了人口相关因素的影响。高国力等（2023）运用 STIRPAT 模型分析了人口规模、经济社会发展水平和技术水平等因素对城市群碳排放的影响。Peter（2007）对中国 CO_2 排放量和排放强度变化进行了结构分解分析（Structural Decomposition Analysis，SDA）。Xu（2017）采用类似 SDA 的方法，对江苏省 CO_2 排放影响因素进行了测算。Fan（2007）运用自适应权重分解法（Adaptive Weighting Divisia，AWD），研究了 1980 年至 2003 年中国 CO_2 排放的变化。Zhou 和 Ang（2008）基于生产理论分解分析（Production-theoretical Decomposition Analysis，PDA），结合 Shepherd 距离函数和环境数据包络分析方法（Data Envelopment Analysis，DEA），将 CO_2 排放变化分解为七个影响因素的贡献值。Liu（2017）运用 PDA 方法探讨了航空领域 CO_2 排放量增长的主要驱动因素。

LMDI 方法基于指数分解分析，在因素分解、适应性和可操作性等方面优于其他方法，已成为碳排放或污染物排放分解分析中最常用的方法之一。文扬等（2018）运用 LMDI 方法对 2011 年至 2015 年京津冀及周边地区工业大气污染物排放的主要影响因素进行了分解分析。研究结果表明，该地区六省市的能源结构效应的贡献度均很小。Green（2004）分析了 1970 年至 1993 年经济合作与发展组织（Organization for Economic Co-operation and Development，OECD）10 个成员国在制造业、住宅、公共交通和私人交通等行业的 CO_2 排放强度。研究表明，仅关注能源强度的能源政策不足以有效缓解日益增长的减排压力。Wang（2005）使用 LMDI 方法分析了 1957 年至 2000 年中国 CO_2 排放变化的影响因素。研究发现，1957 年至 2000 年间，碳排放理论上减少了约 24.7 亿吨，其中 95%的减少归因于能源强度的下降。Liu（2007）应用 LMDI 方法分析了 1998 年至 2005 年中国工业终端能源消耗所产生的 CO_2 排放变化的影响因素。研究表明，CO_2 排放减少的主要贡献因素是能源强度，而碳排放系数、工业结构和终端燃料转型的贡献则相对较小。Wang（2014）将 LMDI 方法与柯布—道格拉斯生产函数相结合，应用于中国能源消耗研究。研究发现，1991 年至 2011 年间，能源强度效应是能源消耗量下降的关键因素，而投资和劳动力效应则促进了能源消耗量的增长。Gonzále（2014）和 Mousavi（2017）先后应用 LMDI 方法分析了欧盟和伊朗的 CO_2 排放。结果表明，能源结构因素的变化和消费的增长分别对欧盟和伊朗的 CO_2 排放产生了显著影响。Chong（2017）使用 LMDI 方法对广东省能源消耗的影响因素进行了分解。结果表明，人均 GDP 和人口的增长对能源消耗量增长产生了显著影响。Jeong 和 Kim（2013）应用 LMDI 方法对韩国工业制造业的碳排放进行了分解，主要关注不同行业的差异。结果表明，结构效应（表征产业结构）、强度效应（表征产业能源强度）和排放因子效应（表征 CO_2 排放因子）是温室气体减排的主要驱动因素。而能源结构效应（表征产业能源结构）则起到了相反作用。Xu（2014）运用 LMDI 方法从行业角度研究了中国温室气体排放的变化，并根据结果评估了中国的减排政策。研究发现，1996 年至 2011 年，经济增长增加了经济部门的排放，而能源强度的下降则是导致排放减少的主要因素。Ren（2012）从省级视角分析了中国工业碳排放变化的原因，认为经济增长是碳排放增长的主要因素，而能源强度效应则是碳减排的关键因素。Wang 和 Yang（2015）基于 LMDI 和 Tapio 脱钩指数定量分析了 1996 年至 2010 年京津冀地区工业增长和环境压力的脱钩情况。结果表明，经济产出效应对碳排放增长产生了重要贡献。而能源强度和能源结构效应则是工业能源碳排放减少的主要原因。Timilsina 和 Shrestha（2009）研究了 20 个拉丁美洲和加勒比国家 CO_2 排放的影响因素，发现经济增长和交通能源强度分别是碳排放增长和下降的关键因素。Kim（2012）将 LMDI 与 DEA 结合，分析了 26 个经合组织（OECD）国家和 17 个非 OECD 国家 CO_2 排放和能源效率的影响因素。研究发现，经济活动变化对 CO_2 排放的增长起主导作用，而潜在能源强度和能源结构的变化有助于碳减排。以上大部分研究表明，经济和能源相关因素在 CO_2 排放中起到了主导作用。因此，在对湖北省工业 CO_2 排放影响因素的研究中，必须重点关注这些因素的贡献。

CGE 模型和 DID 模型是评估环境政策实施效果的常用工具。Gottinger（1998）运用 CGE 模型模拟了碳排放权交易对欧盟节能减排的影响。在另一项研究中，Li 和 Jia（2016）运用动态递归 CGE 模型模拟了 10 种不同免费配额分配比例情形下的中国碳排放权交易市场，探索了碳排放权交易对中国经济和环境的影响。另外，Liu（2017）基于多区域一般均衡模型（TermCO$_2$）评估了湖北省碳排放权交易的影响。

20 世纪 80 年代以来，DID 模型作为一种分析政策效果的特殊计量方法，已被经济学界广泛采用。这种方法起源于自然科学，把制度变迁和新政策看作是经济系统外生的"自然实验"，DID 模型在计量模型中简单易用，其回归估计方法较为成熟。从纯计量经济学的角度看，DID 模型采用了简单而有效的方式，将两个虚拟变量及其交叉项添加到回归方程中。与静态比较方法不同，DID 模型并不直接比较政策实施前后样本均值的变化，而是使用单个数据块进行回归，以确定政策实施的影响是否具有统计学上的显著意义。

与传统方法相比，DID 模型可以有效避免政策作为解释变量时可能出现的内生性问题，并能够控制解释变量和被解释变量之间的交互作用。如果样本是面板数据的一部分，DID 模型不仅能利用解释变量的外生性，还能控制不可观测的单个数据块的异质性对被解释变量的影响。自然实验利用外生事件的影响进行研究，样本组和处理变量独立于个体异质性。因此，DID 模型不仅能够控制样本间不可观测的个体异质性，还能控制不可观测的整体因素随时间变化的影响，从而获得政策效果的无偏估计。鉴于上述优点，DID 模型被广泛应用于学术界的多个领域。

Zhang（2016）模拟了中国碳排放权交易情景，发现在经济增长和环境保护的双重约束下，通过省际碳交易，CO_2 排放量可降至 71.9 亿吨，且相较于无约束的初始状态，排放减少了 27.27%。Tanaka（2015）研究了中国空气污染管制政策对婴儿死亡率的影响，研究发现"两控区"城市在实施环境规制后，婴儿死亡率下降了 20%。Jefferson（2013）研究了中国"两控区"的环境规制对产业绩效的影响，结果表明，环境规制推动了污染密集型企业在提升利润、降低成本和促进就业等方面的更好表现。Chen（2013）评估了 2008 年北京奥运会期间工厂关闭和交通管制对空气质量的影响，研究选取全国 36 个城市作为对照组。结果显示，这些措施在奥运会期间和结束后的短期内改善了空气质量，但自 2009 年 10 月起失效。

此外，还有一些学者构建 DID 模型分析交通运输相关政策对中国空气质量的影响。Qiu 和 He（2017）认为绿色交通项目改善了试点城市的空气质量。然而，Yang 和 Tang（2018）发现北京公共交通票价的上涨对空气质量并没有长期影响。Tan（2018）证实了"十城千辆"新能源汽车项目可以促进空气中二氧化氮浓度的降低，尽管项目实施效果不显著且随时间变化。在其他研究中，List（2003）通过使用 DID 模型匹配估计量检验了《清洁空气法》对纽约州经济活动的影响。结果表明，严格的环境管制和新建工厂之间存在负相关关系，而传统的 DID 模型低估了这一关系。Hering 和 Poncet（2011）基于 1997 年至 2003 年间的地级市数据，运用 DID 模型评估了实施"两控区"政策对中国企业出口活动的影响。结果表明，实施"两控区"政策对企业出口产生了极大的负面影响，且对高污染企业的影响更大，可能会降低企业的竞争力。Bennear 和 Olmstead（2008）采用 DID 模型评估 1996 年《安全饮用水法》有关信息披露的规定对饮用水供应商提供不达标饮用水行为的影响。结果表明，通过制定信息披露条款，供应商的严重违规行为减少了 40%至 57%。Marin（2018）构建了 DID 模型来研究碳排放权交易对欧盟企业经济绩效的影响，研究发现企业为了应对碳排放权交易制度，将碳排放成本转嫁给消费者，并提高劳动生产率。上述研究表明，DID 模型是一种成熟的环境政策实施效果评估方法，可以清楚地解释评估结果，能够运用于评估湖北省碳排放权交易试点的实施效果。

尽管已有众多学者运用 DID 模型对环境相关政策的实施效果进行了评估，但由于数据限制，关于中国碳排放权交易试点的研究仍相对较少。另外，大多数研究仅关注环境政策的直接影响，而忽视了这些影响背后的深层次原因。本研究运用 LMDI 方法分析了湖北省工业 CO_2 排放的主要贡献因素，并构建了 DID 模型评估湖北省碳排放权交易试点的实施效果。为了进一步解释结果，本研究还再次应用 DID 模型，探讨碳排放权交易试点的实施对湖北省工业 CO_2 排放贡献因素的影响。分析结果可以为完善全国碳排放权交易提供经验借鉴。

4.3.2　研究方法

1）工业 CO_2 排放分解分析

LMDI 方法分为乘法 LMDI 方法和加法 LMDI 方法两种类型，本研究采用加法 LMDI 方法分析湖北省工业 CO_2 排放的影响因素贡献度。为分解工业 CO_2 排放，首先基于 Kaya 恒等式构建分解模型，如式（4-1）所示。

$$C = \sum_i C_i = \sum_i G \cdot \frac{G_{in}}{G} \cdot \frac{E}{G_{in}} \cdot \frac{C_i}{E} = \sum_i G \cdot EP \cdot EE \cdot ES_i \qquad (4\text{-}1)$$

式中，C 为工业 CO_2 排放总量，下标 i 代表不同化石能源种类，C_i 表示第 i 类化石能源消耗产生的工业 CO_2 排放量；G 和 G_{in} 分别是 GDP 和工业增加值，E 为产生 CO_2 排放的工业化石能源消耗总量；EP 为工业增加值占 GDP 的比重，EE 为单位工业增加值的工业化石能源消耗量，ES_i 结合了第 i 类化石能源CO_2排放系数和第i类工业化石能源消耗量占工业化石能源消耗总量比重，表征了工业化石能源消费结构。

第$t-1$年至第t年第i类工业化石能源消耗所产生的CO_2排放变化量表达式如式（4-2）所示。

$$\frac{C_i^t}{C_i^{t-1}} = \frac{G^t \cdot EP^t \cdot EE^t \cdot ES_i^t}{G^{t-1} \cdot EP^{t-1} \cdot EE^{t-1} \cdot ES_i^{t-1}} \tag{4-2}$$

式中，上标t为年份。

对式（4-2）两端取自然对数后，两边同时乘以系数 $\mu=(C_i^t-C_i^{t-1})/(\ln C_i^t-\ln C_i^{t-1})$，可得式（4-3）。当$C_i^t=C_i^{t-1}$时，$\mu=0$。

$$\begin{aligned}
C_i^t - C_i^{t-1} &= \mu \cdot \ln \frac{C_i^t}{C_i^{t-1}} = \mu \cdot \ln \frac{G^t \cdot EP^t \cdot EE^t \cdot ES_i^t}{G^{t-1} \cdot EP^{t-1} \cdot EE^{t-1} \cdot ES_i^{t-1}} \\
&= \mu \cdot \left(\ln \frac{G^t}{G^{t-1}} + \ln \frac{EP^t}{EP^{t-1}} + \ln \frac{EE^t}{EE^{t-1}} + \ln \frac{ES_i^t}{ES_i^{t-1}} \right)
\end{aligned} \tag{4-3}$$

对式（4-3）求和，整理后得到式（4-4），式（4-4）将第$t-1$年至第t年的工业CO_2排放变化分解为四个效应，即经济规模效应、经济结构效应、能源效率效应和能源结构效应。

$$\begin{aligned}
\Delta C^{t,t-1} &= \sum_i (C_i^t - C_i^{t-1}) = \sum_i \mu \cdot \left(\ln \frac{G^t}{G^{t-1}} + \ln \frac{EP^t}{EP^{t-1}} + \ln \frac{EE^t}{EE^{t-1}} + \ln \frac{ES_i^t}{ES_i^{t-1}} \right) \\
&= \Delta C_G^{t,t-1} + \Delta C_{EP}^{t,t-1} + \Delta C_{EE}^{t,t-1} + \Delta C_{ES}^{t,t-1}
\end{aligned} \tag{4-4}$$

式中，$\Delta C^{t,t-1}$为第$t-1$年至第t年工业CO_2排放的变化，$\Delta C_G^{t,t-1}$为经济规模效应，$\Delta C_{EP}^{t,t-1}$为经济结构效应，$\Delta C_{EE}^{t,t-1}$为能源效率效应，$\Delta C_{ES}^{t,t-1}$为能源结构效应。$\Delta C_G^{t,t-1}$、$\Delta C_{EP}^{t,t-1}$、$\Delta C_{EE}^{t,t-1}$和$\Delta C_{ES}^{t,t-1}$分别表征了GDP、工业增加值比重、能源效率和能源结构对工业CO_2排放变化的贡献值。式（4-5）至式（4-8）对这四个效应做出了定义。

$$\Delta C_G^{t,t-1} = \sum_i \frac{C_i^t - C_i^{t-1}}{\ln C_i^t - \ln C_i^{t-1}} \cdot \ln \frac{G^t}{G^{t-1}} \tag{4-5}$$

$$\Delta C_{EP}^{t,t-1} = \sum_i \frac{C_i^t - C_i^{t-1}}{\ln C_i^t - \ln C_i^{t-1}} \cdot \ln \frac{EP^t}{EP^{t-1}} \tag{4-6}$$

$$\Delta C_{EE}^{t,t-1} = \sum_i \frac{C_i^t - C_i^{t-1}}{\ln C_i^t - \ln C_i^{t-1}} \cdot \ln \frac{EE^t}{EE^{t-1}} \qquad (4\text{-}7)$$

$$\Delta C_{ES}^{t,t-1} = \sum_i \frac{C_i^t - C_i^{t-1}}{\ln C_i^t - \ln C_i^{t-1}} \cdot \ln \frac{ES_i^t}{ES_i^{t-1}} \qquad (4\text{-}8)$$

根据上述定义，可以计算出各效应的贡献值。将各效应的贡献值求和为总效应值，即工业 CO_2 排放的变化；将各负效应的贡献值求和即为总减排效应值，各效应的贡献值占总减排效应值的比重即为各效应的减排贡献度。

2）碳排放权交易试点的实施效果及其影响评估

本研究构建了 DID 模型，以评估碳排放权交易试点的实施效果及其对工业 CO_2 排放贡献因素的影响。由于其他试点地区多为直辖市、经济特区和改革开放的先行实验区，在全国的政治经济地位较为特殊，符合条件的对照组非常少，因此只有湖北省试点适合作为研究对象。在 DID 模型中选取湖北省地级市作为实验组，选取湖南省（非试点区域）地级市作为对照组，实验组和对照组在地理空间上属于中部地区相邻省份，且在人口规模、经济社会发展等方面高度相似。碳排放权交易试点实施前后工业 CO_2 排放的变化如式（4-9）所示。

$$\Delta C_j = C_{j1} - C_{j0} \qquad (4\text{-}9)$$

式中，下标 j 代表不同的城市。ΔC_j 为城市 j 的工业 CO_2 排放变化，C_{j1} 为城市 j 在碳排放权交易试点实施后的工业 CO_2 排放，C_{j0} 为城市 j 在碳排放权交易试点实施前的工业 CO_2 排放。为探索碳排放权交易试点实施对工业 CO_2 排放的影响，必须去掉在没有碳排放权交易试点情形下工业 CO_2 排放的变化。因此，将式（4-9）转化为式（4-10）。

$$\Delta\Delta C = \frac{1}{N_1} \sum (\Delta C_j \mid D_j = 1) - \frac{1}{N_0} \sum (\Delta C_j \mid D_j = 0) \qquad (4\text{-}10)$$

式中，$\Delta\Delta C$ 是碳排放权交易试点对工业 CO_2 排放的影响。N_1 为实验组试点城市的数量，N_0 为对照组非试点城市的数量。D_j 是一个虚拟变量，反映城市是否为碳排放权交易试点。如果城市在试点省份，则 D_j 为 1，否则 D_j 为 0。根据式（4-10），可以构建如式（4-11）的回归模型。

$$C_{jt} = \beta_0 + \beta_1 \times D_j + \beta_2 \times T_t + \beta_3 \times D_j \times T_t + \boldsymbol{\delta} \times X_{jt} + \mu_j + \tau_t + \varepsilon_{jt} \qquad (4\text{-}11)$$

式中，下标 t 为时间变量。T 是一个年份虚拟变量，在碳排放权交易试点实施前，T 为 0，否则 T 为 1。β_0、β_1、β_2 和 β_3 为回归系数。$\boldsymbol{X}$ 是控制变量的矩阵向量，X_{jt} 为城市 j 在年份 t 中各控制变量的值，$\boldsymbol{\delta}$ 为控制变量的系数矩阵，μ 和 τ 分别表示城市固定效应和时间固定效应，ε 表示随机干扰项。不同时期和城市组之间的碳排放差异如表 4-8 所示。

表 4-8　不同时期和城市组之间的碳排放差异

组别	碳排放权交易试点实施前 ($T=0$)	碳排放权交易试点实施后 ($T=1$)	差异
实验组（$D_j=1$）	$\beta_0 + \beta_1$	$\beta_0 + \beta_1 + \beta_2 + \beta_3$	$\Delta C_{j1} = \beta_2 + \beta_3$
对照组（$D_j=0$）	β_0	$\beta_0 + \beta_2$	$\Delta C_{j0} = \beta_2$
DID			$\Delta\Delta C = \beta_3$

为评估碳排放权交易试点对工业 CO_2 排放贡献因素的影响，本研究构建了另一个 DID 模型，如式（4-12）所示。

$$Y_{jt} = \beta_0 + \beta_1 \times D_j + \beta_2 \times T_t + \beta_3 \times D_j \times T_t + \boldsymbol{\delta} \times X_{jt} + \mu_j + \tau_t + \varepsilon_{jt} \qquad (4\text{-}12)$$

式中，Y_{jt} 为 LMDI 模型分解的城市 j 在年份 t 中的工业 CO_2 排放贡献因素。

为了验证在碳排放权交易试点实施前，实验组和对照组之间存在平行趋势，可以作为 DID 模型的"自然实验"进行研究，本研究构建了 Probit 检验模型和同质性检验模型，分别如式（4-13）和式（4-14）所示。

$$\text{Probit}(y=1|X_{jt}) = \Phi(\beta_0 + \boldsymbol{\delta} \times X_{jt} + \varepsilon_{jt}) \qquad (4\text{-}13)$$

$$Y_{jt} = \beta_0 + \beta_1 \times D_j + \boldsymbol{\delta} \times X_{jt} + \varepsilon_{jt} \qquad (4\text{-}14)$$

3）参数标准化和 CO_2 排放计算

在 LMDI 和 DID 模型中，能源消耗量需要根据式（4-15）转换为标准煤消耗量，不同种类能源的标准煤折算系数参考《综合能耗计算通则》（GB/T 2589-2008）。为得到准确结果，GDP 和工业增加值必须基于 GDP 指数、工业增加值指数以及式（4-16）进行标准化。

$$E_{is} = E_i \times p_i \qquad (4\text{-}15)$$

$$G_{x,t} = G_{x,t-1} \times q_t / 100 \qquad (4\text{-}16)$$

式（4-15）中，E_{is} 为第 i 类能源的标准煤消耗量，E_i 为第 i 类能源的实际消耗量，p_i 为第 i 类能源的标准煤折算系数。

式（4-16）中，$G_{x,t}$ 为第 t 年的实际 GDP 或实际工业增加值，q_t 为第 t 年的 GDP 指数（上年=100）或工业增加值指数（上年=100）。在计算中，假设第一年的实际 GDP 和实际工业增加值等于名义 GDP 和名义工业增加值。

CO_2 排放量是根据 IPCC 公布的 CO_2 排放系数计算得出的。

$$C = \sum_i C_i = \sum_i E_i \times NCV_i \times CEF_i \tag{4-17}$$

式中，NCV_i 为第 i 类能源的净热值，CEF_i 为第 i 类能源的 IPCC 建议 CO_2 排放系数。

4.3.3 数据来源

中国于 2005 年起正式启动清洁发展机制项目，本研究据此选取 2005—2018 年作为 LMDI 分解时段，对湖北省工业 CO_2 排放进行分析。能源和经济相关数据来源于《湖北省统计年鉴（2006—2019）》。

在 DID 模型中添加了一些控制变量，以控制其他因素对工业 CO_2 排放的影响。研究中涉及的控制变量包括：工业固定资产投资（ind_asset）、劳动力（lab_force，即工业从业人员数与工业企业数之比）、工业化石能源消耗量（fossil_con）、年末人口数（pop）、人均 GDP（GDP_cap，即实际 GDP 与年末人口数之比）、所有制结构（owner_str，即国有企业和集体企业总产值占工业总产值比重）、R&D 支出水平（RD，即工业 R&D 内部经费占工业总产值的比重）。这些控制变量的选择是基于数据可得性、参考其他相关研究以及 LMDI 分解的贡献因素进行确定的。

实验组选取了湖北省 10 个地级市，分别是武汉市、黄石市、十堰市、宜昌市、襄阳市、鄂州市、荆门市、孝感市、荆州市和咸宁市；对照组选取了湖南省 10 个地级市，分别是长沙市、湘潭市、邵阳市、岳阳市、常德市、益阳市、郴州市、永州市、怀化市和娄底市。研究时段为 2008 年至 2017 年，数据来源于研究城市的《统计年鉴（2009—2018）》。

各类能源的标准煤折算系数、净热值、IPCC 建议 CO_2 排放系数和 CO_2 排放系数如表 4-9 所示。

表 4-9　各类能源的核算系数

能源种类	标准煤折算系数	净热值	IPCC 建议 CO_2 排放系数	CO_2 排放系数
原煤	0.7143kg/kg	6800kcal/kg	0.000396kg/kcal	2.69kg/kg
洗精煤	0.9000kg/kg	6400kcal/kg	0.000396kg/kcal	2.53kg/kg
焦炭	0.9714kg/kg	7000kcal/kg	0.000448kg/kcal	3.14kg/kg
焦炉煤气	0.5714kg/m³	5000kcal/m³	0.000186kg/kcal	0.93kg/m³
高炉煤气	0.6571kg/m³	713kcal/m³	0.001090kg/kcal	0.78kg/m³
天然气	1.2143kg/m³	8900kcal/m³	0.000235kg/kcal	2.09kg/m³
原油	1.4286kg/kg	9000kcal/kg	0.000307kg/kcal	2.76kg/kg
汽油	1.4714kg/kg	7500kcal/kg	0.000293kg/kcal	2.20kg/kg
煤油	1.4714kg/kg	8500kcal/kg	0.000301kg/kcal	2.56kg/kg
柴油	1.4571kg/kg	8800kcal/kg	0.000310kg/kcal	2.73kg/kg
燃料油	1.4286kg/kg	9200kcal/kg	0.000324kg/kcal	2.98kg/kg
液化石油气	1.7143kg/kg	6635kcal/kg	0.000264kg/kcal	1.75kg/kg
石脑油	1.5000kg/kg	7800kcal/kg	0.000306kg/kcal	2.39kg/kg
润滑油	1.4143kg/kg	9600kcal/kg	0.000306kg/kcal	2.95kg/kg
石油焦	1.0918kg/kg	8200kcal/kg	0.000408kg/kcal	3.35kg/kg
其他石油制品	1.4714kg/kg	9000kcal/kg	0.000307kg/kcal	2.76kg/kg

4.4　湖北省碳排放权交易试点实证结果分析

4.4.1　工业 CO_2 排放影响因素的减排贡献度

2005 年至 2018 年，湖北省工业 CO_2 排放量累计增加了 9957.14 万吨。根据 LMDI 分解模型，可以得出各效应的减排贡献度，图 4-2 所示为 2005—2018 年湖北省工业 CO_2 排放变化的 LMDI 分解分析。结果表明，经济规模效应和能源效率效应是导致工业 CO_2 排放变化的主要因素。

在碳排放权交易试点实施前，经济结构效应对工业 CO_2 排放的影响较小，能源结构效应对工业 CO_2 排放的影响非常小。在碳排放权交易试点实施后，能源结构效应对工业 CO_2 排放的影响较小，而经济结构效应对工业 CO_2 排放变化的贡献非常小。

经济规模效应为正效应，其减排贡献度在-60%至-140%之间波动，除2012—2013年高达-305.04%。这说明经济增长促进了工业 CO_2 排放，对减排呈反向作用。

能源效率效应和能源结构效应总体呈负效应，两个效应的减排贡献度总体为正，说明这期间湖北省的工业能源消耗强度下降，能源结构得到了优化，从而促进了工业 CO_2 的减排，对减排呈正向作用。能源效率效应的减排贡献度稳定维持在 90%左右，除了 2005—2006 年为-31.78%，2017—2018 年为57.70%。在碳排放权交易试点实施前，能源结构效应的减排贡献度在 5%左右波动，除了 2005—2006 年为 100%，2010—2011 年为-9.11%。碳排放权交易试点实施后，能源结构效应的减排贡献度在 20%左右波动，除了 2017—2018 年为-31.90%。

碳排放权交易试点实施前，经济结构效应的减排贡献度在-10%至-60%之间波动，除了 2006—2007 年为-5.31%。碳排放权交易试点实施后，经济结构效应的减排贡献度在 5%左右波动，除了 2013—2014 年为-2.71%，说明这期间工业增加值占 GDP 比重的变化对工业 CO_2 排放影响非常小。

2005 年至 2018 年，经济规模效应、经济结构效应、能源效率效应和能源结构效应的累计贡献值分别为 44801 万吨、6248 万吨、-36413 万吨和-4679 万吨。在碳排放权交易试点实施后，GDP 平均增速为 8.46%，工业能源消耗强度平均降幅为 7.24%，均对工业 CO_2 排放有较大影响。工业 CO_2 排放强度平均降幅为 0.62%，模型中的工业 CO_2 排放强度是单位能源消耗的碳排放系数与能源结构之积，其下降主要得益于工业能源结构的优化，但对工业 CO_2 排放的影响有限。此外，工业增加值占 GDP 比重的平均降幅为 0.30%，对工业 CO_2 排放几乎未产生影响。

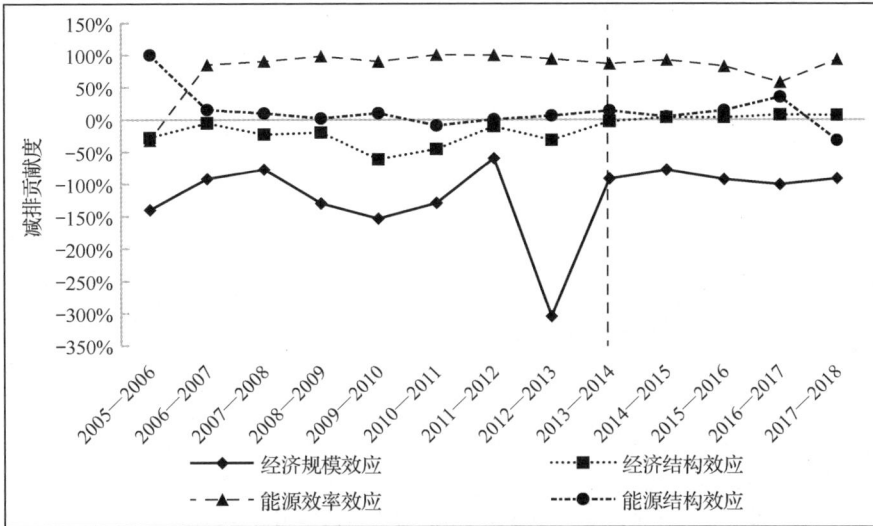

图 4-2 2005—2018 年湖北省工业 CO_2 排放变化的 LMDI 分解分析

4.4.2 平行趋势假设检验

2008 年至 2013 年，实验组和对照组的工业 CO_2 排放量（CO2_em）、GDP、工业增加值占 GDP 比重（ind_prop）、工业能源消耗强度（energy_in）和工业 CO_2 排放强度（em_in），以及这些参数变化趋势的描述性统计如表 4-10 所示。这些参数是 DID 模型中的被解释变量。通过表 4-10 可知，在碳排放权交易试点实施前，实验组和对照组的被解释变量有相似的统计趋势。

表 4-10 实验组和对照组中被解释变量及其变化趋势的描述性统计

变量	实验组				对照组			
	均值	标准差	最小值	最大值	均值	标准差	最小值	最大值
工业 CO_2 排放量（万吨）	2725	2527	543.1	10590	2700	2185	448	8346
工业 CO_2 排放变化趋势（%）	1.326	3.562	−8.717	9.948	1.284	7.198	−25.87	33.66

变量	实验组				对照组			
	均值	标准差	最小值	最大值	均值	标准差	最小值	最大值
GDP（亿元）	1350	1564	269.8	7399	1376	1263	500	6412
GDP 变化趋势（%）	16.23	17.40	4.101	68.83	17.20	15.95	6.744	68.70
工业增加值占 GDP 比重（%）	0.455	0.0659	0.305	0.582	0.428	0.0733	0.281	0.530
工业增加值占 GDP 比重变化趋势（%）	0.0155	0.0105	−0.00929	0.0546	0.0130	0.00922	−0.00808	0.0350
工业能源消耗强度（吨/万元）	1.68	1.26	0.497	6.05	2.03	2.15	0.144	9.41
工业能源消耗强度变化趋势（%）	−0.0185	0.0285	−0.113	0.0534	−0.0207	0.108	−0.518	0.462
工业 CO_2 排放强度（吨/吨）	3.462	0.355	2.608	3.746	3.334	0.500	2.089	3.758
工业 CO_2 排放强度变化趋势（%）	−0.00239	0.0950	−0.322	0.328	0.00994	0.256	−1.066	1.067

注：表中变化趋势表征相对于上一年的增幅或降幅。

2008 年至 2017 年，实验组和对照组的工业 CO_2 排放量如图 4-3 所示。根据图 4-3 可知，在碳排放权交易试点实施之前，实验组和对照组的工业 CO_2 排放量及变化趋势相似，而在碳排放权交易试点实施后，两者的工业 CO_2 排放量产生了显著差异。因此，所选取的 10 个湖南省非试点城市可以作为 10

个湖北省试点城市（实验组）的对照组进行研究。

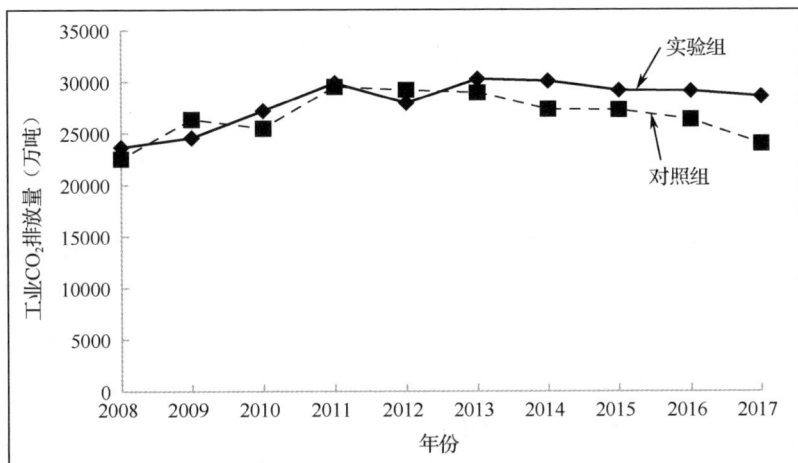

图 4-3　实验组和对照组 2008—2017 年工业 CO_2 排放量

　　为进一步检验平行趋势假设，根据式（4-13）和式（4-14）进行随机性检验和同质性检验。DID 模型将试点政策的实施视为自然实验，要求满足随机性假设。在随机性假设中，城市被纳入试点（实验组）与否，不受实施碳排放权交易试点前被解释变量值的影响。如果随机性假设被拒绝，意味着试点（实验组）城市的选择是由被解释变量值决定的，即政策制定者在选择试点时并非随机分配实验组和对照组，而是根据特定条件（如被解释变量值的特征）来选定试点地区。这种情况下，试点地区的被解释变量特征与对照组存在显著差异，平行趋势假设无法成立，则所选的非试点地区不能作为 DID 模型中的对照组。

　　表 4-11 给出了 5 个被解释变量随机性假设的 Probit 回归结果。可以看出，5 个被解释变量对于城市是否为试点（D_i 值是否为 1）的 p 值均大于 0.1，说明城市是否被纳入碳排放权交易试点与被解释变量无关。因此，试点地区的选择并非基于被解释变量的特定值，而是与对照组一起随机选择的结果。基于此，模型通过了随机性假设检验。

表 4-11　5 个被解释变量随机性假设的 Probit 回归结果

变量	(1)	(2)	(3)	(4)	(5)
	treat	treat	treat	treat	treat
CO2_em	0.000279				
	(0.954)				
GDP		−0.0000833			
		(0.918)			
ind_prop			1.479		
			(0.517)		
lind_asset			−0.401[*]		
			(0.099)		
lGDP_cap			0.725[*]		
			(0.091)		
energy_in				−0.722	
				(0.289)	
em_in					0.438
					(0.108)
_cons	−0.00757	0.0114	−1.590[*]	0.132	−1.491
	(0.966)	(0.943)	(0.064)	(0.432)	(0.112)
N	120	120	120	120	120

注：括号内的数值为 p 值。

[*]表示 $p < 0.1$，[**]表示 $p < 0.05$，[***]表示 $p < 0.01$

　　表格中的 treat 表征城市是否为试点的哑元变量，即式（4-10）中的 D_j。_cons 表示残余项。N 为样本量。lind_asset、lGDP_cap 分别表示对变量 ind_asset 和 GDP_cap 取自然对数的值。

　　由于对照组是实验组的参照，因此在碳排放权交易试点实施前，实验组和对照组的被解释变量应具有相似趋势。在这种情况下，必须满足同质性假设，即被解释变量的趋势应与城市是否被纳入试点无关。如果拒绝了同质性假设，说明城市是否被纳入碳排放权交易试点对被解释变量的趋势有影响，试点实施前实验组和对照组的被解释变量趋势不同，不满足平行趋势假设，在这种情况下，所选的非试点地区不能作为 DID 模型中的对照组。

5 个被解释变量的同质性回归结果如表 4-12 所示。从表 4-12 可知，城市是否为试点（D_i 值是否为 1）5 个被解释变量的趋势 p 值均大于 0.1，说明被解释变量的趋势与城市是否纳入碳排放权交易试点无关，模型通过了同质性假设。

表 4-12 5 个被解释变量的同质性回归结果

变量	(1)	(2)	(3)	(4)	(5)
	tCO2_em	tGDP	tind_prop	tenergy_in	tem_in
treat	0.0418	−0.973	0.00245	0.00221	−0.0123
	(0.945)	(0.899)	(0.107)	(0.795)	(0.303)
lind_asset			−0.00366***		
			(0.004)		
_cons	1.284**	17.20***	0.0261***	−0.0207***	0.00994
	(0.019)	(0.003)	(0.000)	(0.003)	(0.372)
N	100	100	100	100	100
R^2	0.000	0.001	0.075	0.000	0.001

注：括号内的数值为 p 值。

*表示 $p < 0.1$, **表示 $p < 0.05$, ***表示 $p < 0.01$

表格中的 R^2 代表方差。tCO2_em、tGDP、tind_prop、tenergy_in、tem_in 的含义分别为 CO2_em、GDP、ind_prop、energy_in、em_in 变量的变化趋势。

基于上述的统计性描述和两个检验，DID 模型通过了平行趋势假设，所选对照组符合 DID 模型的要求，构建的 DID 模型可以用于分析碳排放权交易试点的实施效果及其对工业 CO_2 排放贡献因素的影响。

4.4.3 碳排放权交易试点实施效果评估及其影响

根据式（4-11）构建的 DID 模型，湖北省碳排放权交易试点实施效果评估结果如表 4-13 所示。结果显示，无论是否添加控制变量，DID 模型的 p 值都超过 0.1，说明碳排放权交易试点的实施对湖北省工业 CO_2 排放没有产生显著影响。2013 年后，实验组和对照组的工业 CO_2 排放都总体呈下降趋势。然而，工业 CO_2 排放量的下降并非由于碳排放权交易试点的实施。排放量下降的原因可能与其他环境措施或能源相关政策有关，如环境部门的环境规制，以及"十三五"规划中提出的降低能耗的目标。因此，湖北省碳排放权交易试点的效果并不明显，表明其实施后未能有效影响工业企业的 CO_2 排放行为。

表 4-13　湖北省碳排放权交易试点实施效果评估结果

变量	(1)	(2)	(3)	(4)	(5)	(6)
	CO2_em	CO2_em	CO2_em	CO2_em	CO2_em	CO2_em
did	2.756	−1.145	−1.082	−0.946	−0.928	−0.609
	(0.267)	(0.512)	(0.499)	(0.528)	(0.539)	(0.718)
lfossil_con		17.72***	18.12***	18.27***	18.24***	18.10***
		(0.000)	(0.000)	(0.000)	(0.000)	(0.000)
lGDP_cap			−21.79	−16.75	−17.39	−19.16
			(0.120)	(0.234)	(0.212)	(0.158)
lind_asset				−3.358	−3.151	−3.328
				(0.191)	(0.216)	(0.168)
llab_force					−1.293	−1.155
					(0.454)	(0.506)
RD						401.5
						(0.101)
_cons	23.09***	−5.474	56.45	50.84	60.37*	62.52*
	(0.000)	(0.418)	(0.146)	(0.179)	(0.097)	(0.084)
N	200	200	200	200	200	200
R^2	0.191	0.614	0.629	0.642	0.643	0.670

注：括号内的数值为 p 值。

*表示 $p < 0.1$，**表示 $p < 0.05$，***表示 $p < 0.01$

表格中的 did 是表示双重差分的哑元变量，即式（4-11）中的 $D_j \times T_t$。lfossil_con、llab_force 的含义分别为对变量 fossil_con、lab_force 取自然对数。

根据式（4-12）构建的 DID 模型，分析了湖北省碳排放权交易试点的实施对 GDP、工业增加值占 GDP 比重、工业能源消耗强度和工业 CO_2 排放强度（分别对应 LMDI 模型中的经济规模效应、经济结构效应、能源效率效应和能源结构效应）的影响，结果如表 4-14、表 4-15、表 4-16 和表 4-17 所示。对于 GDP、工业能源消耗强度和工业 CO_2 排放强度，无论是否添加控制变量，DID 模型的 p 值均超过 0.1，表明碳排放权交易试点的实施对这三个因素并未产生显著影响。对于工业增加值占 GDP 比重，DID 模型的 p 值在 0.01～0.05 之间，表明碳排放权交易试点的实施对该因素产生了显著影响，并与该因素的变化显著相关。实施碳排放权交易试点后，预计工业增加值占 GDP 比重将每年增长 1.57%。

　　然而，根据本书 4.4.1 节中 LMDI 分解分析的结果，2013 年后，湖北省工业 CO_2 排放变化的主要贡献因素是经济规模效应和能源效率效应，而碳排放权交易试点的实施对 GDP 和工业能源消耗强度这两个推动工业 CO_2 排放变化的主要因素没有影响；经济结构效应对工业 CO_2 排放变化几乎没有贡献，但是碳排放权交易试点的实施仅对工业增加值占 GDP 比重这一无法推动工业 CO_2 排放变化的因素产生了显著影响。因此，碳排放权交易试点的实施未能对工业 CO_2 排放产生实质性影响。

表 4-14　碳排放权交易试点实施对 GDP 的影响

变量	(1)	(2)	(3)	(4)	(5)
	lGDP	lGDP	lGDP	lGDP	lGDP
did	−0.00593	−0.00771	−0.00774	−0.00813	−0.00833
	(0.628)	(0.512)	(0.510)	(0.497)	(0.477)
lind_asset		0.0294	0.0288	0.0284	0.0264
		(0.115)	(0.110)	(0.116)	(0.134)
llab_force			0.00405	0.00489	0.00346
			(0.836)	(0.805)	(0.862)
lpop				−0.0311	−0.0311
				(0.856)	(0.851)
owner_str					0.0543
					(0.234)

续表

变量	(1)	(2)	(3)	(4)	(5)
	lGDP	lGDP	lGDP	lGDP	lGDP
_cons	4.291***	4.212***	4.187***	4.227***	4.231***
	(0.000)	(0.000)	(0.000)	(0.000)	(0.000)
N	200	200	200	200	200
R^2	0.996	0.997	0.997	0.997	0.997

注：括号内的数值为 p 值。

*表示 $p < 0.1$，**表示 $p < 0.05$，***表示 $p < 0.01$

表格中的 lGDP、lpop 分别表示对变量 GDP、pop 取自然对数。

表 4-15　碳排放权交易试点实施对工业增加值占 GDP 比重的影响

变量	(1)	(2)	(3)	(4)	(5)
	ind_prop	ind_prop	ind_prop	ind_prop	ind_prop
did	0.0166**	0.0158**	0.0158**	0.0158**	0.0157**
	(0.016)	(0.024)	(0.021)	(0.021)	(0.020)
lind_asset		0.0127*	0.0107	0.0114*	0.0100
		(0.059)	(0.109)	(0.084)	(0.115)
llab_force			0.0146*	0.0142*	0.0129*
			(0.057)	(0.064)	(0.073)
lGDP_cap				−0.0171	−0.0237
				(0.740)	(0.648)
owner_str					0.0439***
					(0.003)
_cons	0.400***	0.366***	0.279***	0.328**	0.351**
	(0.000)	(0.000)	(0.000)	(0.048)	(0.041)
N	200	200	200	200	200
R^2	0.866	0.873	0.878	0.878	0.884

注：括号内的数值为 p 值。

*表示 $p < 0.1$，**表示 $p < 0.05$，***表示 $p < 0.01$

表 4-16　碳排放权交易试点实施对工业能源消耗强度的影响

变量	(1)	(2)	(3)	(4)	(5)
	energy_in	energy_in	energy_in	energy_in	energy_in
did	0.0184	−0.00891	−0.000987	−0.00182	−0.00402
	(0.576)	(0.774)	(0.974)	(0.952)	(0.890)
lfossil_con		0.124**	0.119**	0.120**	0.120**
		(0.041)	(0.019)	(0.020)	(0.022)
RD			10.28*	10.33*	9.220*
			(0.080)	(0.075)	(0.075)
llab_force				0.0451	0.0357
				(0.256)	(0.363)
owner_str					0.253
					(0.118)
_cons	0.237***	0.0369	−0.0265	−0.315	−0.296
	(0.000)	(0.673)	(0.787)	(0.323)	(0.333)
N	200	200	200	200	200
R^2	0.408	0.495	0.571	0.577	0.598

注：括号内的数值为 p 值。

*表示 $p < 0.1$，**表示 $p < 0.05$，***表示 $p < 0.01$

表 4-17　碳排放权交易试点实施对工业 CO_2 排放强度的影响

变量	(1)	(2)	(3)	(4)	(5)
	em_in	em_in	em_in	em_in	em_in
did	−0.0236	0.00685	0.0150	0.0149	0.0212
	(0.659)	(0.908)	(0.796)	(0.796)	(0.689)
fossil_con		−0.0358**	−0.0378**	−0.0375**	−0.0396**
		(0.030)	(0.018)	(0.019)	(0.021)
RD			9.854	9.602	11.97*
			(0.187)	(0.203)	(0.099)
lab_force				−0.000168	−0.000140
				(0.109)	(0.237)
owner_str					−0.453
					(0.321)

续表

变量	(1)	(2)	(3)	(4)	(5)
	em_in	em_in	em_in	em_in	em_in
_cons	3.384***	3.655***	3.602***	3.705***	3.775***
	(0.000)	(0.000)	(0.000)	(0.000)	(0.000)
N	200	200	200	200	200
R^2	0.071	0.270	0.286	0.293	0.309

注：括号内的数值为 p 值。

*表示 $p < 0.1$，**表示 $p < 0.05$，***表示 $p < 0.01$

为了排除 DID 回归结果受到遗漏变量干扰的可能性，本研究通过打乱实验组与对照组，重新随机选择城市作为实验组，对 DID 回归结果进行安慰剂检验。基于随机选择的样本，重复进行了 1000 次 DID 回归分析。碳排放权交易试点实施对工业 CO_2 排放、GDP、工业增加值占 GDP 比重、工业能源消耗强度和工业 CO_2 排放强度影响的安慰剂检验结果分别如图 4-4、图 4-5、图 4-6、图 4-7 和图 4-8 所示。

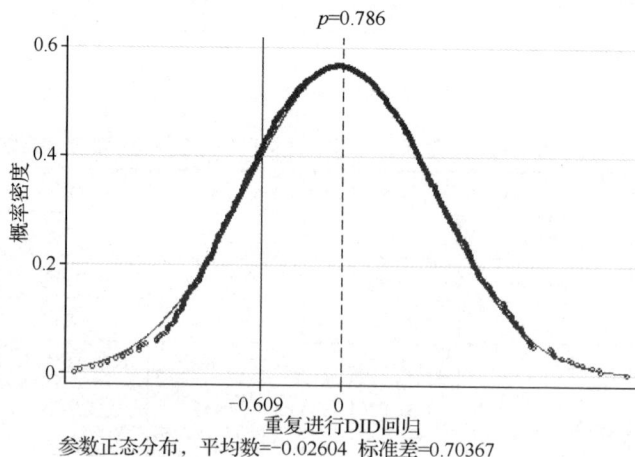

图 4-4　碳排放权交易试点实施对工业 CO_2 排放影响的安慰剂检验结果

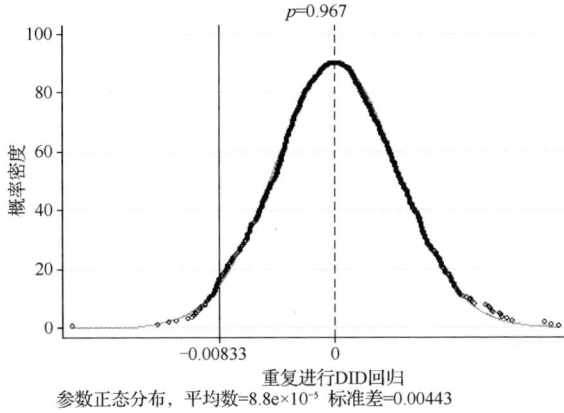

图 4-5 碳排放权交易试点实施对 GDP 影响的安慰剂检验结果

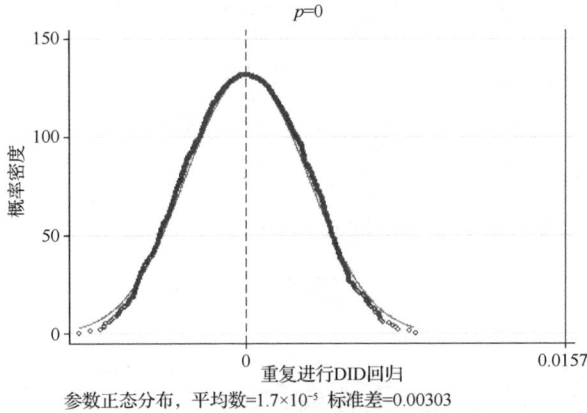

图 4-6 碳排放权交易试点实施对工业增加值占 GDP 比重影响的安慰剂检验结果

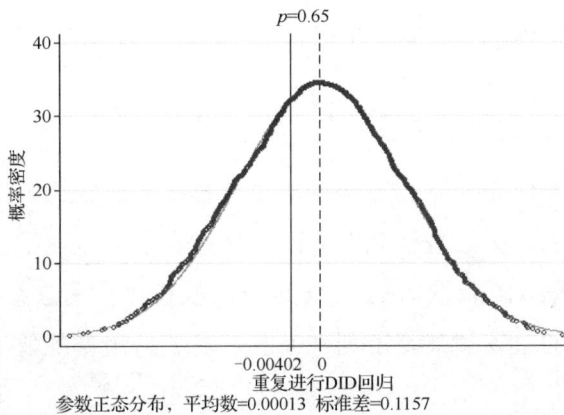

图 4-7 碳排放权交易试点实施对工业能源消耗强度影响的安慰剂检验结果

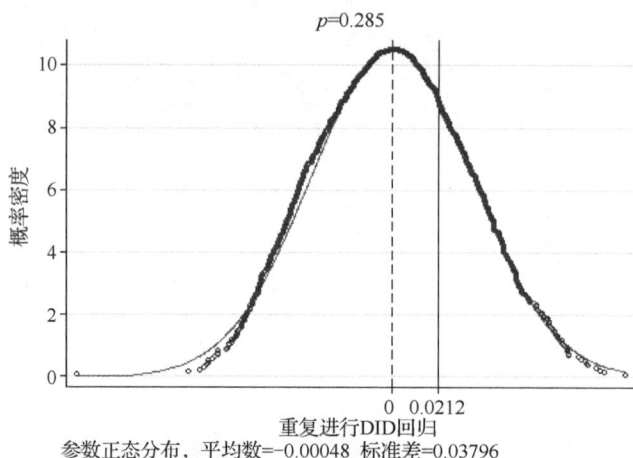

$p=0.285$

重复进行DID回归
0 0.0212

参数正态分布，平均数=−0.00048 标准差=0.03796

图 4-8　碳排放权交易试点实施对工业 CO_2 排放强度影响的安慰剂检验结果

　　根据结果可知，碳排放权交易试点实施对工业 CO_2 排放、GDP、工业能源消耗强度以及工业 CO_2 排放强度的 DID 回归估计系数分别为−0.609、−0.00833、−0.00402 和 0.0212，其 p 值均大于 0.1。而对工业增加值占 GDP 比重影响的 DID 回归系数为 0.0157，其 p 值为 0，完全独立于系数分布之外。这表明，DID 回归结果并未受到遗漏变量的干扰。

4.5　对完善全国碳排放权交易的启示

4.5.1　湖北省碳排放权交易试点存在的问题

1）配额分配方式不合理

　　如本书 4.2 节所述，湖北省碳排放权交易试点的配额分配采用了基准值法、历史强度法和历史法进行无偿分配。然而在核算企业配额时，设定的参数值都较高。根据《湖北省 2022 年度碳排放权配额分配方案》，2022 年湖北省计算企业配额的市场调节因子为 0.9836，对于采用基准值法的行业，选取行业第 50% 位的单位产出 CO_2 排放量计算行业基准值；对于采用历史强度法和历史排放法的行业，各行业的控排系数普遍介于 0.90 至 0.98 之间。湖北省设定的市场调节因子接近 1，且基准值法所选取的排放强度百分位数为中位数，使得基准值几乎等同于行业的平均排放强度，难以反映行业内的先进排放水平，排放强度较低的企业可通过盈余配额满足排放强度较高企业的需求，行业整体无须进行大幅减排。同时，历史强度法和历史排放法设定的行业控排系数也接近于 1，企业按照往年的排放强度进行排放，所获得的免费配额通常可以满足其排放需求，同样无须进行大幅减排。对于各行业而言，排放总量限额与无环境规制时行业的整体 CO_2 排放相差不大，市场中无偿分配的配额过多，导致配额无法成为稀缺性资源，碳排放权交易试点难以激励企业减排，碳排放权交易市场也因此缺乏活跃度。

2）缺乏有效的政府监管

《湖北省碳排放权交易管理暂行办法》规定，省人民政府生态环境主管部门可以通过政府购买服务的方式，委托第三方核查机构对纳入碳排放配额管理的重点排放单位温室气体排放量进行核查；省人民政府生态环境主管部门应当建立核查报告审核机制，组织对核查报告进行审核，将发现的问题告知重点排放单位和核查机构，并责令限期完成整改。

在湖北省试点的 MRV（监测、报告与核查）体系中，主要依赖第三方核查机构对企业的碳排放报告进行核查，然而，省级生态环境主管部门人力不足、财力有限，难以对各地市纳入碳排放权交易试点企业的排放和核查报告开展充分审核。由于监管力度不够、检查频次较低，且对于虚报或瞒报碳排放报告的重点排放单位，罚款额度仅为 1 万元至 3 万元。第三方核查机构若在违反真实性和准确性原则的情况下未获取违法所得，其罚款仅为 1 万元至 5 万元；若存在违法所得，罚款最高不超过 15 万元。企业和第三方机构的违法成本较低，其数据造假的动力较大，从而降低了 MRV 体系的执行效力，并进一步影响了试点的实施效果。

碳排放监管不力也是当前各省（直辖市、自治区）普遍存在的问题，全国碳排放权交易市场原定于 2021 年 6 月 25 日开市，因相关数据的核查暴露出问题，推迟三周才正式开市。2021 年 7 月 6 日，内蒙古生态环境厅通报了鄂尔多斯高新材料有限公司虚报碳排放报告的案件，该案件也是全国首例公开披露的碳排放报告造假案件。

3）企业非法获取额外配额

对于采用基准值法和历史强度法分配配额的行业，在确定基准值和行业控排系数等参数后，将根据企业当年的实际产量，最终确定其获得的免费配额。然而，由于 MRV 体系缺乏有效的政府监管，与非试点地区相比，试点区域的工业企业更倾向于扩大生产规模，以获得更多配额，最终导致碳排放权交易试点的实施促进了工业增加值占 GDP 比重的增长。企业在有机会虚报、瞒报碳排放数据的情况下，将额外获得的多余配额用于履约或出售盈利，从而使碳排放权交易试点的实施未能实现预期的减排效果。

4.5.2　完善全国碳排放权交易的建议

1）建立健全法律法规体系

法律是政策实施的基础和依据，同时也确保了政策的合法性。美国、欧盟和韩国在实施排放权交易前都完成了相关立法工作，保障了排放权交易的法律效力。这些排放权交易的上位法明确了各利益相关方的职能和责任，并对排放总量限额、配额分配、MRV 体系和市场稳定措施等规则提出了框架性要求，而具体的排放权交易规则则通过下位法进行规定。

目前，全国碳排放权交易的法律体系仍不完善，相关法律法规仅包括生态环境部于 2020 年 12 月印发的《碳排放权交易管理办法（试行）》和国务院于 2024 年 1 月印发的《碳排放权交易管理暂行条例》，现行法规的法律效力等级不高，在对虚报、瞒报碳排放报告和未按时履约等违规行为制定处罚时，必须遵照《中华人民共和国行政处罚法》等其他相关法律的规定，无法针对企业的具体违法行为制定具有较高自由裁量权的处罚额度。为了更好地保障碳排放权交易市场的有效运作，建议全国碳排放权交易应尽快制定类似《中华人民共和国环境保护税法》和《中华人民共和国大气污染防治法》等效力等级较高的法律，建立健全相关法律体系，以保障碳排放权交易市场的良性运转。

2）科学制定排放总量限额

在碳排放权交易中，排放总量限额是决定其减排效果的关键因素。在欧盟和韩国的碳排放权交易实践中，首先确定了国家总量减排目标，然后依据减排目标制定了相应的排放总量限额。当前，中国没有总量减排目标，只有强度减排目标，到 2030 年，中国单位 GDP CO_2 排放量将比 2005 年下降 65% 以上。2005 年，中国的生产方式较粗放，CO_2 排放强度较高。因此，在此基础上实现强度减排目标，主要通过提高能源效率来达成。但是由于能源消耗总量和经济的增长，CO_2 排放的有效控制依然面临挑战。

碳排放权交易作为一种基于总量控制和交易的低成本 CO_2 减排政策工具，需要在较低的排放总量限额基础上激励企业减少排放。然而，在总量减排目标缺失或较低的情况下，无论是碳排放权交易试点还是全国范围内的碳排放权交易，其排放总量限额的制定都缺乏明确依据，相关部门未能设定较低的排放总量限额作为目标约束。

与其他能源气候政策相比，碳排放权交易并不是降低碳排放强度或实现较低总量减排目标的最有效手段。在"十二五"、"十三五"和"十四五"规划纲要中，都明确提出了单位 GDP 碳排放强度降低约 15% 的主要目标。在三个"五年计划"目标的约束下，到 2025 年，中国单位 GDP 碳排放强度将比 2010 年降低近 50%，通过持续推动实现"五年计划"目标，CO_2 强度减排目标有望得到实现。全国碳排放权交易需要依据减排能力制定总量减排目标，并据此制定出合适的排放总量限额，以充分发挥碳排放权交易在低成本减排方面的作用。

3）合理优化配额分配方式

历史排放法和历史强度法分别按照历史排放基数和历史排放强度确定企业的实际应发配额，但是祖父分配法导致了"鞭打快牛"现象的出现，CO_2 排放量和排放强度较高的粗放型企业能够获得更多的配额，这些企业实现减排相对容易且边际减排成本较低，而 CO_2 排放量和排放强度较低的集约型企业却获得较少的配额，这些企业实现进一步减排难度较大、边际减排成本较高。因此，祖父分配法是一种不公平的分配方式，无法产生技术进步的激励，不利于碳排放权交易市场的运行。

基准值法作为一种常被推崇的无偿配额分配方式，能够避免出现"鞭打快牛"的现象，通过这一方式，集约型企业能够获得更多配额，粗放型企业获得的配额较少，能够有效激励企业的技术进步。然而，在一些工艺流程差异较大、企业数量较少的行业中，制定适用于每个行业的基准值具有较大的操作难度。因此，基准值法更适用于企业数量较多且工艺流程差异较小的行业。

根据第三章的分析，其他国家（地区）普遍采用拍卖方式分配配额，因为拍卖能够避免市场扭曲，且拍卖收益可用于整个机制的管理。但是拍卖分配会给企业造成额外的成本负担，从而影响企业的竞争力。配额的无偿分配对企业来说是一种"意外之财"，企业无须为配额所允许的 CO_2 排放支付成本，也未承担由此带来的环境损害。出于经济上的考虑，主要发达经济体在实施碳排放权交易初期都采用无偿分配方式过渡，随后逐渐增加拍卖分配的比例。在参与碳排放权交易的企业较少的情况下，无偿分配大多采用祖父分配法；而当纳入企业数量增多时，基准值法成为常用的配额分配方法。

全国碳排放权交易尚处于实施初期，可以继续采用无偿分配方式过渡，当前该制度仅覆盖火电行业，该行业工艺流程差异较小且纳入的企业数量较多，适合采用基准值法分配配额，但所选取的企业百分位数要能代表行业排放的先进水平。在后续纳入更多工艺流程差异较大的行业，且在各行业企业数量较少的情形下，可适当采用祖父分配法分配配额。随着全国碳排放权交易的深入实施，可适时探索拍卖、固定价格出售等有偿方式发放配额，针对因纳入碳排放权交易而影响竞争力的特定行业制定"碳泄漏"清单，对可能产生碳泄漏的行业继续采取无偿分配方式分配配额。

4）加大政府监管处罚力度

一是加大监管力度。增加相关部门对企业的检查频次，对有违规违法行为的企业实施全流程监督和动态监控，向社会公众公开企业监测报告和第三方机构核查报告。二是加大处罚力度。强化对违规违法行为的追责，对虚报或瞒报碳排放的企业及提供虚假核查报告的第三方机构，依法处以高额罚款，并将其列入失信企业"黑名单"，取消第三方机构核查资格，没收其违法所得。三是将在线监测方法和核算方法相结合。指导企业安装大气碳排放监测系统，实时在线监测企业碳排放，并将数据报送至监管部门。监管部门采用碳排放核算方法学，定期抽查企业碳排放数据，确保监测数据真实可靠。

5）完善碳配额价格调控措施

欧盟碳排放权交易建立了基于配额数量的市场稳定储备机制，韩国碳排放权交易建立了基于配额价格的市场稳定措施，二者均可解决市场配额价格波动问题。全国碳排放权交易要完善碳配额价格调控措施，在当前涨跌幅限制的基础上，限制企业、机构和个人的最大持仓量。研究制定碳配额价格稳定机制，科学设定机制触发条件。若碳配额价格超出合理范围，可通过拍卖预留配额和政府回购配额等方式稳定碳配额价格。

4.6　本章小结

本章概述了全国碳排放权交易体系和七个碳排放权交易试点的建设进展，重点梳理了湖北省碳排放权交易试点的运行情况。主要分析了湖北省工业 CO_2 排放的贡献因素，并评估了湖北省碳排放权交易试点的实施效果及其对这些贡献因素的影响。通过总结湖北省试点存在的问题，提出了完善全国碳排放权交易的政策建议。

首先，利用 LMDI 模型，将 2005 年至 2018 年湖北省工业 CO_2 排放变化分解为经济规模效应、经济结构效应、能源效率效应和能源结构效应。经济规模效应为正效应，表明经济增长推动了工业 CO_2 排放的增加。能源效率效应和能源结构效应总体为负效应，表明工业能源消耗强度的下降和能源结构的优化有助于工业 CO_2 的减排。经济规模效应和能源效率效应的减排贡献度较高，说明经济增长和工业能源消耗强度的下降是工业 CO_2 排放变化的主要贡献因素。在实施碳排放权交易试点前，经济结构效应的减排贡献度较小，能源结构效应的减排贡献度非常小。在实施碳排放权交易试点后，能源结构效应的减排贡献度较小，经济结构效应的减排贡献度非常小，说明 2013 年后能源结构优化导致的工业 CO_2 排放强度下降对工业 CO_2 排放变化的影响有限，工业增加值占 GDP 比重的变化对工业 CO_2 排放变化几乎没有贡献。

其次，构建了 DID 模型，选择湖北省 10 个城市作为实验组，湖南省 10 个城市作为对照组，对 2008 年至 2017 年地级市面板数据进行分析。实验组和对照组通过了随机性检验和同质性检验，满足平行趋势假设，说明 DID 模型可用于碳排放权交易试点评估研究。根据 DID 模型的结果，实施碳排放权交易试点对工业 CO_2 排放没有显著影响，排放量下降可能是由于其他能源及环境政策的作用，湖北省碳排放权交易试点效果不明显。进一步分析显示，碳排放权交易试点的实施对 GDP、工业能源消耗强度和工业 CO_2 排放强度没有显著影响，对工业增加值占 GDP 比重产生了显著影响，而 GDP 和工业能源消耗强度是工业 CO_2 排放变化的主要贡献因素。实施碳排放权交易试点后，工业增加值占 GDP 比重预计每年增长 1.57%，但 2013 年后该因素对工业 CO_2 排放变化几乎没有贡献。因此，碳排放权交易试点的实施对工业 CO_2 排放无法产生影响。DID 回归结果通过了安慰剂检验，表明模型结果并未受到遗漏变量的干扰。

最后，通过分析可知，湖北省试点效果不明显，主要原因在于配额分配参数设定过高，导致免费配额供应过量，配额无法成为稀缺性资源，进而抑制了碳排放权交易市场的活跃性。另外，由于主管部门的监管力度不够、检查频次较低、对违规违法行为的处罚力度较小，降低了 MRV 体系的执行效力。而且无偿分配的配额数量是基于企业当年的实际产量确定的，因此，在缺乏有效监管的情况下，企业更可能编造假数据，甚至通过扩大生产规模来获取更多配额。因此，湖北省碳排放权交易试点的实施无法改变企业的排放行为，但却提高了工业增加值占 GDP 的比重。

　　为了更好地发挥碳排放权交易制度的低成本减排作用，建议通过建立健全法律法规体系、科学制定排放总量限额、合理优化配额分配方式、加大政府监管处罚力度，以及完善碳配额价格调控措施，推动全国碳排放权交易市场的进一步发展。

第 五 章

基于演化博弈的碳排放权交易市场规制
与调控研究

政府对市场的规制与调控是决定碳排放权交易市场减排效果的关键因素，根据第四章的分析结果，全国碳排放权交易仍需完善 MRV 体系和碳配额价格调控措施等规制与调控市场交易的规则。本章根据稳定性理论构建了动态演化博弈模型，为政府对碳排放权交易市场的规制与调控提供了理论基础。分别依据多同质群体动态演化博弈理论和单同质群体动态演化博弈理论，分析了在完全信息情形下，政府采取不同的规制监管策略和市场调控策略所导致的碳排放权交易市场的不同运行效果，以及不同的稳定纳什均衡状态，为生态环境主管部门科学制定规制和调控市场的规则提供了理论支撑。

5.1 动态演化博弈与稳定性理论

本节分别根据一元微分方程和二元非线性微分方程的稳定性理论构建了单同质群体和多同质群体的动态演化博弈模型，为模拟政府规制与调控碳排放权交易市场提供了坚实的理论基础。

5.1.1 博弈论与演化博弈论

博弈论是一种研究多个理性主体参与决策的理论，其中，每个参与者选择的策略都会影响其他参与者的收益，而参与者在选择行为策略时也会考虑其他参与者的策略对其收益的影响。博弈论为研究社会主体之间的相互作用提供了理论工具，主要分为四类：经典博弈论、行为博弈论、认识博弈论和演化博弈论。其中，演化博弈论是一种宏观层面的分析工具，允许对不同博弈主体的策略演化进行数学建模。

与经典博弈论不同的是，演化博弈论聚焦于多个同质理性群体之间的策略博弈。在博弈矩阵中，同质群体的主体可以选择多种不同策略。在博弈过程中，收益较低的主体会模仿同质群体中收益较高主体的策略，从而在下一阶段的博弈中产生新的收益变化，博弈策略会在每一阶段不断演化，经过多轮博弈后，最终各同质群体的策略趋于稳定，不同群体之间也会达到纳什均衡。

演化博弈论往往能够在经典博弈论失效时成功模拟现实博弈。策略的交互演进能够诠释博弈主体行为的演化过程和最终稳定状态。在演化博弈论中，成功的策略会随机分布在同质群体中，并由同质群体的其他理性主体归纳学习。此外，由于市场主体研究策略行为的成本较高，理性主体通常不会尝试研究复杂博弈的最优策略，而是模仿其他主体的成功行为策略。演化博弈论研究了在信息处理成本较高的情境下，学习和模仿在策略传播过程中的交互作用。

5.1.2 一元微分方程的稳定性

在单一同质群体的演化博弈中，所有主体都在群体中相互学习，采用劣策略的主体逐渐向采用优策略的主体学习模仿。在演进过程中，不同策略的相对优劣不断变化，采用某一策略 i 的主体比例 x 也会随时间 t 变化，该变化趋势可用函数 $f(x)$ 来表示，如式（5-1）和式（5-2）所示。

$$x = x(t) \tag{5-1}$$

$$f(x) = \frac{\mathrm{d}x}{\mathrm{d}t} \tag{5-2}$$

在博弈达到纳什均衡时，同质群体中所有主体的策略都达到稳定状态。

除非博弈条件和规则发生变化，否则采用各种策略的主体比例都不会再随着时间的变化而变化。因此，当所有主体都达到均衡稳定状态时，必须满足 $f(x)=0$。假设 $f(x)=0$ 的解为 $x=x_0$，那么博弈的稳定纳什均衡策略点一定在 x_0 中。但并不是所有的 x_0 都是博弈的稳定纳什均衡策略点，只有当 t 趋近于无穷大时，x 收敛于 x_0，此时的 x_0 才是稳定纳什均衡策略点，否则 x_0 不是稳定纳什均衡策略点，即稳定纳什均衡策略点必须满足式（5-3）。

$$\lim_{t \to \infty} x(t) = x_0 \tag{5-3}$$

在判断 x_0 是否为稳定纳什均衡策略点时，有直接法和间接法两种方法。直接法通过 $x(t)$ 的表达式求得 x_0 的值，并将其代入式（5-3）中，直接判断极限。但是在具体的演化博弈中，拟合出 $x(t)$ 的表达式和求得 x_0 的值都较难，因此采用直接法判断稳定纳什均衡策略点并不实际。当采用间接法判断稳定纳什均衡策略点时，首先要对 $f(x)$ 在 x_0 点展开一次项泰勒公式，如式（5-4）所示。

$$f(x) = \frac{f(x_0)}{0!} + \frac{f'(x_0)}{1!} \cdot (x - x_0) + R_n(x) \approx f'(x_0) \cdot (x - x_0) \tag{5-4}$$

式中，$R_n(x)$ 为一阶泰勒公式的余项，当 x 趋近于 x_0 时，$R_n(x)$ 为 $(x-x_0)$ 的高阶无穷小。令 $f'(x_0)=a$，式（5-4）可转换为式（5-5）和式（5-6）。

$$\frac{\mathrm{d}x}{\mathrm{d}t} = f(x) = a(x - x_0) \tag{5-5}$$

$$\frac{\mathrm{d}x}{a(x - x_0)} = \mathrm{d}t \tag{5-6}$$

对式（5-6）两边同时求不定积分，可得式（5-7）和式（5-8）。

$$\frac{1}{a} \cdot \ln(x - x_0) = t + C \tag{5-7}$$

$$x = \mathrm{e}^{at+aC} + x_0 = C_1 \cdot \mathrm{e}^{at} + x_0 \tag{5-8}$$

式中，C 为不定积分的常数项，C_1 为变换后的常数项，其值为 e^{aC}。

通过式（5-8）可知，当 $a<0$ 时，即 $f'(x_0)<0$ 时，x_0 满足式（5-3），为博弈的稳定纳什均衡策略点；当 $a>0$ 时，即 $f'(x_0)>0$ 时，x_0 不满足式（5-3），不是博弈的稳定纳什均衡策略点。

5.1.3 二元非线性微分方程的稳定性

在多个同质群体的演化博弈中，各同质群体内的主体相互学习。与单一同质群体的演化博弈类似，采用劣策略的主体向采用优策略的主体学习模仿。在演化过程中，不同策略的相对优劣不断变化，而每个同质群体主体采用策略的收益都将受到其他群体主体所采用策略的影响。假设在博弈中只有两个同质群体的主体进行博弈，设其中一个同质群体采用某一策略 i 的主体比例为 x，另一同质群体采用某一策略 l 的主体比例为 y。因为采用策略 i 的主体收益受到 y 的影响，同时采用策略 l 的主体收益受到 x 的影响，因此，x 和 y 不仅随时间 t 变化，而且相互影响。x 和 y 随时间 t 的变化趋势分别记为 $f(x,y)$ 和 $g(x,y)$，如式（5-9）和式（5-10）所示。

$$\begin{cases} x = x(t) \\ y = y(t) \end{cases} \tag{5-9}$$

$$\begin{cases} f(x, y) = \dfrac{\mathrm{d}x}{\mathrm{d}t} \\ g(x, y) = \dfrac{\mathrm{d}y}{\mathrm{d}t} \end{cases} \tag{5-10}$$

在博弈达到纳什均衡时，各同质群体中所有主体的策略都达到稳定状态。除非博弈条件和规则发生了变化，否则各同质群体中采用各种策略的主体比例都不会再随着时间变化而变化。因此，当各同质群体中所有主体都达到均衡稳定状态时，必须满足 $f(x,y)=0$ 和 $g(x,y)=0$。假设 $f(x,y)=0$，$g(x,y)=0$ 的解为 $x=x_0$，$y=y_0$，记为 (x_0,y_0)。那么博弈的稳定纳什均衡策略点一定在 (x_0,y_0) 中，但并不是所有的 (x_0,y_0) 都是博弈的稳定纳什均衡策略点，只有当 t 趋近于无穷大时，x 收敛于 x_0，y 收敛于 y_0，此时的 (x_0,y_0) 才是稳定纳什均衡策略点，否则 (x_0,y_0) 不是稳定纳什均衡策略点，即稳定纳什均衡策略点必须满足式（5-11）。

$$\begin{cases} \lim_{t \to \infty} x(t) = x_0 \\ \lim_{t \to \infty} y(t) = y_0 \end{cases} \tag{5-11}$$

同样，由于拟合出 $x(t)$、$y(t)$ 的表达式和求得 (x_0,y_0) 的值都较难，因此在多个同质群体的演化博弈中，通常采用间接法判断(x_0, y_0)是否为稳定纳什均衡策略点。在分析非线性二元微分方程的稳定性之前，先探讨线性二元微分方程中(0,0)的均衡稳定性判断。

（1）线性二元微分方程中(0,0)的均衡稳定性。

假设 x 和 y 随时间 t 呈线性变化，(0,0)为 $f(x,y)=0$ 和 $g(x,y)=0$ 的解，如式（5-12）所示。

$$\begin{cases} \dfrac{dx}{dt} = f(x, y) = a_1 x + a_2 y \\ \dfrac{dy}{dt} = g(x, y) = b_1 x + b_2 y \end{cases} \tag{5-12}$$

式中，a_1、a_2、b_1 和 b_2 均为线性方程的系数。通过求解式（5-12）可以得到式（5-13）。

$$\begin{cases} y = \dfrac{x'(t) - a_1 x}{a_2} \\ x = \dfrac{y'(t) - b_2 y}{b_1} \end{cases} \tag{5-13}$$

对式（5-12）两边同时求导，得到式（5-14）。

$$\begin{cases} x''(t) = a_1 x'(t) + a_2 y'(t) = a_1 x'(t) + a_2 (b_1 x + b_2 y) \\ y''(t) = b_1 x'(t) + b_2 y'(t) = b_1 (a_1 x + a_2 y) + b_2 y'(t) \end{cases} \tag{5-14}$$

将式（5-13）代入式（5-14），可转换为式（5-15）。

$$\begin{cases} x''(t) = a_1 x'(t) + a_2 \left(b_1 x + b_2 \dfrac{x'(t) - a_1 x}{a_2} \right) = (a_1 + b_2) x'(t) + (a_2 b_1 - a_1 b_2) x \\ y''(t) = b_1 \left(a_1 \dfrac{y'(t) - b_2 y}{b_1} + a_2 y \right) + b_2 y'(t) = (a_1 + b_2) y'(t) + (a_2 b_1 - a_1 b_2) y \end{cases} \tag{5-15}$$

采用特征方程法对式（5-15）中的两个二阶常系数齐次微分方程求解。令 $p=-(a_1+b_2)$，$q=a_1 b_2 - a_2 b_1$，$x=e^{rt}$，$y=e^{st}$，r 和 s 为式（5-15）的特征根，式（5-15）可变换为式（5-16）。

$$\begin{cases} (r^2 + pr + q) e^{rt} = 0 \\ (s^2 + ps + q) e^{st} = 0 \end{cases} \tag{5-16}$$

通过式（5-16），可求得特征根 r 和 s 的值。

$$r_{1,2} = s_{1,2} = \frac{1}{2}\left(-p \pm \sqrt{p^2 - 4q}\right) \tag{5-17}$$

根据特征根 r 和 s 的值，可以求得式（5-9）的一般解。

$$\begin{cases} x = C_1 e^{r_1 t} + C_2 e^{r_2 t} \\ y = C_3 e^{s_1 t} + C_4 e^{s_2 t} \end{cases} \tag{5-18}$$

式中，C_1、C_2、C_3 和 C_4 均为常数项。

通过式（5-18）可知，假如 $p^2 > 4q$，当 $r_1 = s_1 < 0$ 且 $r_2 = s_2 < 0$ 时，(0,0)满足式（5-11），为博弈的稳定纳什均衡策略点，否则(0,0)不是博弈的稳定纳什均衡策略点；假如 $p^2 < 4q$，当 r_1 和 r_2（或 s_1 和 s_2）的实部为负数时，(0,0)满足式（5-11），为博弈的稳定纳什均衡策略点，否则不是博弈的稳定纳什均衡策略点。由于只有当 $p > 0$ 且 $q > 0$ 时，r_1 和 r_2（或 s_1 和 s_2）才均为负数，或其实部均为负数，因此这一条件可以作为判断(0,0)是否为稳定纳什均衡策略点的直接依据。

（2）非线性二元微分方程的均衡稳定性

在判断非线性二元微分方程中(x_0, y_0)的均衡稳定性时，先要对 $f(x,y)$ 和 $g(x,y)$ 在(x_0, y_0)点展开一次项泰勒公式，如式（5-19）和式（5-20）所示。

$$\begin{cases} f(x,y) = \dfrac{f(x_0, y_0)}{0!} + \dfrac{f_x'(x_0, y_0)}{1!}(x - x_0) + \dfrac{f_y'(x_0, y_0)}{1!}(y - y_0) + R_{n1}(x,y) \\ g(x,y) = \dfrac{g(x_0, y_0)}{0!} + \dfrac{g_x'(x_0, y_0)}{1!}(x - x_0) + \dfrac{g_y'(x_0, y_0)}{1!}(y - y_0) + R_{n2}(x,y) \end{cases} \tag{5-19}$$

$$\begin{cases} x'(t) = f(x,y) \approx f_x'(x_0, y_0)(x - x_0) + f_y'(x_0, y_0)(y - y_0) \\ y'(t) = g(x,y) \approx g_x'(x_0, y_0)(x - x_0) + g_y'(x_0, y_0)(y - y_0) \end{cases} \tag{5-20}$$

其中，$f_x'(x_0, y_0)$ 和 $f_y'(x_0, y_0)$ 分别为$f(x,y)$在(x_0, y_0)点对 x 和 y 的求导；$g_x'(x_0, y_0)$ 和 $g_y'(x_0, y_0)$ 分别为$g(x,y)$在(x_0, y_0)点对 x 和 y 的求导。$R_{n1}(x,y)$ 和 $R_{n2}(x,y)$ 为两个一阶泰勒公式的余项，当 x 趋近于 x_0 且 y 趋近于 y_0 时，$R_{n1}(x,y)$ 和 $R_{n2}(x,y)$ 均为$[(x - x_0)(y - y_0)]$的高阶无穷小。通过$f(x,y)$和$g(x,y)$的一阶泰勒公式，将非线性二元微分方程转化为线性二元微分方程。令 $X = x - x_0$，$Y = y - y_0$，那么 $X_0 = x_0 - x_0 = 0$，$Y_0 = y_0 - y_0 = 0$。可将式（5-20）转换为式（5-21）。

$$\begin{cases} \dfrac{dX}{dt} = x'(t) = F'_X(X_0, Y_0) \cdot X + F'_Y(X_0, Y_0) \cdot Y \\ \dfrac{dY}{dt} = y'(t) = G'_X(X_0, Y_0) \cdot X + G'_Y(X_0, Y_0) \cdot Y \end{cases} \qquad (5\text{-}21)$$

式中，$F'_X(X_0, Y_0)$ 和 $F'_Y(X_0, Y_0)$ 分别为 $F(X,Y)$ 在 (X_0, Y_0) 点对 X 和 Y 的求导；$G'_X(X_0, Y_0)$ 和 $G'_Y(X_0, Y_0)$ 分别为 $G(X,Y)$ 在 (X_0, Y_0) 点对 X 和 Y 的求导，$F(X,Y)=f(X+x_0, Y+y_0)=f(x,y)$，$G(X,Y)=g(X+x_0, Y+y_0)=g(x,y)$，那么 $f'_x(x_0, y_0)=F'_X(X_0, Y_0)$，$f'_y(x_0, y_0)=F'_Y(X_0, Y_0)$，$g'_x(x_0, y_0)=G'_X(X_0, Y_0)$，$g'_y(x_0, y_0)=G'_Y(X_0, Y_0)$。要判断 (x_0, y_0) 是否为式（5-20）的均衡稳定点，也就是要判断 (X_0, Y_0) 或 $(0,0)$ 是否为式（5-21）的稳定纳什均衡策略点。令 $p=-[f'_x(x_0, y_0)+g'_y(x_0, y_0)]$，$q=f'_x(x_0, y_0)g'_y(x_0, y_0)-f'_y(x_0, y_0)g'_x(x_0, y_0)$。根据对线性二元微分方程中 $(0,0)$ 的均衡稳定性判断可知，只有当 $p>0$ 且 $q>0$ 时，二元非线性微分方程中的 (x_0, y_0) 才是博弈的稳定纳什均衡策略点，否则不是博弈的稳定纳什均衡策略点。

5.1.4 单同质群体的动态演化博弈

在单同质群体的动态演化博弈中，只存在一个同质群体，同质群体内的主体相互博弈。由于每个主体的特质属性相同，因此也具有相同的策略组合及收益函数。采用每个策略主体的主体比例会对其他策略的收益产生影响，假设每个主体有两个博弈策略 i 和 j，采用策略 i 的主体比例为 x，采用策略 j 的主体比例为 $1-x$。将多个同质主体间的博弈简化为随机配对的两两博弈，可以构建如表 5-1 所示的博弈收益矩阵。由于同质主体的策略组合和收益函数相同，因此博弈收益矩阵为对称的博弈矩阵。

表 5-1 单同质群体动态演化博弈收益矩阵

博弈主体		主体 2	
		策略 i	策略 j
主体 1	策略 i	A，A	B，C
	策略 j	C，B	D，D

其中，A 为主体 1 和主体 2 均选择策略 i 时的收益，B 为主体 1（主体 2）

选择策略 i 而主体 2（主体 1）选择策略 j 时主体 1（主体 2）的收益，C 为主体 1（主体 2）选择策略 j 而主体 2（主体 1）选择策略 i 时主体 1（主体 2）的收益，D 为主体 1 和主体 2 均选择策略 j 时的收益。由此，可以得到主体分别选择策略 i 和策略 j 时的期望收益，如式（5-22）和式（5-23）所示。

$$R_i = xA + (1-x)B \tag{5-22}$$
$$R_j = xC + (1-x)D \tag{5-23}$$

其中，R_i 和 R_j 为主体选择策略 i 和策略 j 的期望收益。因此，可求得整个同质群体的平均期望收益，如式（5-24）所示。

$$R = xR_i + (1-x)R_j = x^2A + x(1-x)B + x(1-x)C + (1-x)^2D \tag{5-24}$$

其中，R 为同质群体的平均期望收益。在同质群体主体进行演化博弈的过程中，选择策略 i 的主体比例 x 随时间 t 变化，变化速率与选择同样策略的主体数量以及策略 i 收益优势的大小有关，采用策略 i 的主体比例随时间的变化速率记为 $f(x)$，可用式（5-26）表示。

$$f(x) = \frac{dx}{dt} \tag{5-25}$$
$$f(x) = x(R_i - R) = (B+C-A-D)x^3 + (A-2B-C+2D)x^2 + (B-D)x \tag{5-26}$$

根据一元微分方程稳定性理论，单同质群体演化博弈的稳定纳什均衡策略点 x_0 必须满足 $f(x_0)=0$，且 $f'(x_0)<0$。$f(x)=0$ 的方程式以及 $f'(x)$ 的表达式如式（5-27）和式（5-28）所示。

$$f(x) = (B+C-A-D)x^3 + (A-2B-C+2D)x^2 + (B-D)x = 0 \tag{5-27}$$
$$f'(x) = 3(B+C-A-D)x^2 + 2(A-2B-C+2D)x + B - D \tag{5-28}$$

式（5-27）有 3 个解，分别为 $x_1=0$，$x_2=1$，$x_3=(D-B)/(A-B-C+D)$。$f'(x_1)=B-D$，$f'(x_2)=C-A$，$f'(x_3)=(A-C)(D-B)/(A-B-C+D)$。

（1）当 $A<C$ 且 $B<D$ 时，$f'(x_1)<0$，所以 x_1 为演化博弈的稳定纳什均衡策略点，最终所有主体都将采用策略 j；$f'(x_2)>0$，所以 x_2 不是演化博弈的稳定纳什均衡策略点；因为 $A-C<0$，$D-B>0$，所以 $A-B-C+D<D-B$，$x_3>1$ 或 $x_3<0$，而 $0\leqslant x\leqslant 1$，因此 x_3 也不是演化博弈的稳定纳什均衡策略点。

（2）当 $A>C$ 且 $B>D$ 时，$f'(x_1)>0$，所以 x_1 不是演化博弈的稳定纳什均衡

策略点；$f'(x_2)<0$，所以 x_2 为演化博弈的稳定纳什均衡策略点，最终所有主体都将采用策略 i；因为 $A-C>0$，$D-B<0$，当 $A-B-C+D<0$ 时，$f'(x_3)>0$，当 $A-B-C+D>0$ 时，$x_3<0$，而 $0≤x≤1$，因此 x_3 也不是演化博弈的稳定纳什均衡策略点。

（3）当 $A<C$ 且 $B>D$ 时，$f'(x_1)>0$，所以 x_1 不是演化博弈的稳定纳什均衡策略点；$f'(x_2)>0$，所以 x_2 也不是演化博弈的稳定纳什均衡策略点；因为 $A-C<0$，$D-B<0$，所以 $A-B-C+D<D-B<0$，$0<x_3<1$，$f'(x_3)<0$，因此 x_3 为演化博弈的稳定纳什均衡策略点，最终将有 $(D-B)/(A-B-C+D)$ 比例的主体会采用策略 i，$(A-C)/(A-B-C+D)$ 比例的主体会采用策略 j。

（4）当 $A>C$ 且 $B<D$ 时，$f'(x_1)<0$，$f'(x_2)<0$，此时，x_1 和 x_2 都是演化博弈的稳定纳什均衡策略点，而最终的演化博弈结果取决于 x 的初始值 x^*。当 $0<x^*<x_3$ 时，最终所有主体都将采用策略 j。当 $x_3<x^*<1$ 时，最终所有主体都将采用策略 i；因为 $A-C>0$，$D-B>0$，所以 $A-B-C+D>D-B>0$，$0<x_3<1$，$f'(x_3)>0$，因此 x_3 不是演化博弈的稳定纳什均衡策略点。但是，由于演化博弈的最终稳定均衡策略是通过 x_3 和 x^* 的大小比较得出，因此 x_3 是演化博弈的鞍点。

（5）当 $A=C$ 且 $B<D$ 时，$f'(x_1)<0$，所以 x_1 为演化博弈的稳定纳什均衡策略点，最终所有主体都将采用策略 j；$x_2=x_3=1$，$f'(x_2)=f'(x_3)=0$，所以 x_2 和 x_3 都不是演化博弈的稳定纳什均衡策略点。

（6）当 $A>C$ 且 $B=D$ 时，$x_1=x_3=0$，$f'(x_1)=f'(x_3)=0$，所以 x_1 和 x_3 都不是演化博弈的稳定纳什均衡策略点；$f'(x_2)<0$，所以 x_2 为演化博弈的稳定纳什均衡策略点，最终所有主体都将采用策略 i。

（7）当 $A=C$ 且 $B>D$ 或 $A<C$ 且 $B=D$ 或 $A=C=B=D$ 时，x_1、x_2 和 x_3 都不是演化博弈的稳定纳什均衡策略点，该演化博弈不存在纳什均衡。

5.1.5　多同质群体的动态演化博弈

在多同质群体的动态演化博弈中，存在多个同质群体，不同群体的异质主体相互博弈。由于不同群体的异质主体特质属性不同，因此策略组合及收益函数也不相同。同质群体内主体的特质属性相同，因此依旧具有相同的策略组合及收益函数。将多个同质群体的博弈简化为两个同质群体间随机配对的两两博弈，可以构建如表 5-2 所示的多同质群体动态演化博弈收益矩阵。每个群体采用策略主体的比例都将对其他群体策略的收益产生影响，假设每个同质群体的主体有两个博弈策略：群体 1 的主体有博弈策略 i 和 j，采用策略 i 的主体比例为 x，采用策略 j 的主体比例为 $1-x$；群体 2 的主体有博弈策略 l 和 k，采用策略 l 的主体比例为 y，采用策略 k 的主体比例为 $1-y$。由于不同群体的策略组合和收益函数不同，因此博弈收益矩阵为非对称的博弈矩阵。

表 5-2 多同质群体动态演化博弈收益矩阵

博弈主体		群体 2	
		策略 l	策略 k
群体 1	策略 i	A，B	C，D
	策略 j	E，F	G，H

其中，A 和 B 分别为群体 1 选择策略 i 而群体 2 选择策略 l 时，群体 1 和群体 2 的收益；C 和 D 分别为群体 1 选择策略 i 而群体 2 选择策略 k 时，群体 1 和群体 2 的收益；E 和 F 分别为群体 1 选择策略 j 而群体 2 选择策略 l 时，群体 1 和群体 2 的收益；G 和 H 分别为群体 1 选择策略 j 而群体 2 选择策略 k 时，群体 1 和群体 2 的收益。由此，可以得到群体 1 分别选择策略 i 和策略 j 时的期望收益，以及群体 2 分别选择策略 l 和策略 k 时的期望收益，如式（5-29）和式（5-30）所示。

$$\begin{cases} R_i = yA + (1-y)C \\ R_j = yE + (1-y)G \end{cases} \quad （5\text{-}29）$$

$$\begin{cases} R_l = xB + (1-x)F \\ R_k = xD + (1-x)H \end{cases} \quad （5\text{-}30）$$

其中，R_i 和 R_j 分别为群体 1 选择策略 i 和策略 j 的期望收益，R_l 和 R_k 分别为群体 2 选择策略 l 和策略 k 的期望收益。因此，可求得群体 1 和群体 2 的平均期望收益，如式（5-31）所示。

$$\begin{cases} R_1 = xR_i + (1-x)R_j = xyA + x(1-y)C + (1-x)yE + (1-x)(1-y)G \\ R_2 = yR_l + (1-y)R_k = xyB + (1-x)yF + x(1-y)D + (1-x)(1-y)H \end{cases} \quad (5\text{-}31)$$

其中，R_1 和 R_2 分别为群体 1 和群体 2 的平均期望收益。在多个同质群体进行演化博弈的过程中，群体 1 中选择策略 i 的主体比例 x 随时间 t 变化，变化速率与选择同样策略的主体数量以及策略 i 收益优势的大小有关，采用策略 i 的主体比例随时间的变化速率记为 $f(x,y)$；群体 2 中选择策略 l 的主体比例 y 随时间 t 变化，变化速率与选择同样策略的主体数量以及策略 l 收益优势的大小有关，采用策略 l 的主体比例随时间的变化速率记为 $g(x,y)$。$f(x,y)$ 和 $g(x,y)$ 可用式（5-33）表示。

$$\begin{cases} f(x,y) = \dfrac{\mathrm{d}x}{\mathrm{d}t} \\ g(x,y) = \dfrac{\mathrm{d}y}{\mathrm{d}t} \end{cases} \quad (5\text{-}32)$$

$$\begin{cases} f(x,y) = x(R_i - R_1) = x(1-x)[(A-C-E+G)y + C - G] \\ g(x,y) = y(R_l - R_2) = y(1-y)[(B-F-D+H)x + F - H] \end{cases} \quad (5\text{-}33)$$

根据二元非线性微分方程稳定性理论，多同质群体演化博弈的稳定纳什均衡策略点 (x_0,y_0) 必须满足 $f(x_0,y_0)=0$，$g(x_0,y_0)=0$，且 $p = -[f'_x(x_0,y_0)+g'_y(x_0,y_0)]>0$，$q = f'_x(x_0,y_0)g'_y(x_0,y_0) - f'_y(x_0,y_0)g'_x(x_0,y_0)$，$q>0$。$f(x,y)=0$ 和 $g(x,y)=0$ 的方程式以及 $f'_x(x,y)$、$f'_y(x,y)$、$g'_x(x,y)$ 和 $g'_y(x,y)$ 的表达式如式（5-34）、式（5-35）和式（5-36）所示。

$$\begin{cases} f(x,y) = x(1-x)[(A-C-E+G)y + C - G] = 0 \\ g(x,y) = y(1-y)[(B-F-D+H)x + F - H] = 0 \end{cases} \quad (5\text{-}34)$$

$$\begin{cases} f'_x(x,y) = (1-2x)[(A-C-E+G)y + C - G] \\ f'_y(x,y) = (A-C-E+G)x(1-x) \end{cases} \quad (5\text{-}35)$$

$$\begin{cases} g'_x(x,y) = (B-F-D+H)y(1-y) \\ g'_y(x,y) = (1-2y)[(B-F-D+H)x + F - H] \end{cases} \quad (5\text{-}36)$$

式（5-34）有 5 个解，分别为 $(x_1,y_1)=(0,0)$、$(x_2,y_2)=(0,1)$、$(x_3,y_3)=(1,0)$、$(x_4,y_4)=(1,1)$、$(x_5,y_5)=[(H-F)/(B-F-D+H),(G-C)/(A-C-E+G)]$。各解的编导数值如下：$f'_x(x_1,y_1)=C-G$，$f'_y(x_1,y_1)=0$，$g'_x(x_1,y_1)=0$，$g'_y(x_1,y_1)=F-H$；$f'_x(x_2,y_2)=A-E$，$f'_y(x_2,y_2)=0$，$g'_x(x_2,y_2)=0$，$g'_y(x_2,y_2)=H-F$；$f'_x(x_3,y_3)=G-C$，$f'_y(x_3,y_3)=0$，$g'_x(x_3,y_3)=0$，

$g_y'(x_3,y_3)=B-D$ ； $f_x'(x_4,y_4)=E-A$ ， $f_y'(x_4,y_4)=0$ ， $g_x'(x_4,y_4)=0$ ， $g_y'(x_4,y_4)=D-B$ ； $f_y'(x_5,y_5)=(A-C-E+G)(H-F)(B-D)/(B-F-D+H)^2$, $g_x'(x_5,y_5)=(B-F-D+H)(G-C)(A-E)/(A-C-E+G)^2$, $f_x'(x_5,y_5)=0$, $g_y'(x_5,y_5)=0$ 。令 $p_s=-[f_x'(x_s,y_s)+g_y'(x_s,y_s)]$, $q_s=f_x'(x_s,y_s)g_y'(x_s,y_s)-f_y'(x_s,y_s)g_x'(x_s,y_s)$ ，其中， s 为 5 个解的编号。则有， $p_1=G-C+H-F$, $q_1=(C-G)(F-H)$ ； $p_2=E-A+F-H$, $q_2=(A-E)(H-F)$ ； $p_3=C-G+D-B$, $q_3=(G-C)(B-D)$ ； $p_4=A-E+B-D$, $q_4=(E-A)(D-B)$ 。

由于 $p_5=0$, $q_5=-(H-F)(B-D)(G-C)(A-E)/(B-F-D+H)(A-C-E+G)$ 。因此 (x_5,y_5) 不是演化博弈的稳定纳什均衡策略点。当 (x_1,y_1) 、 (x_2,y_2) 、 (x_3,y_3) 和 (x_4,y_4) 中出现两个演化博弈的稳定纳什均衡策略点时，可以将 (x_5,y_5) 作为鞍点，与 (x,y) 的初始值 (x^*,y^*) 进行比较，根据图 5-1 所示的演化博弈相位图，可以得出演化博弈最终的稳定均衡策略。

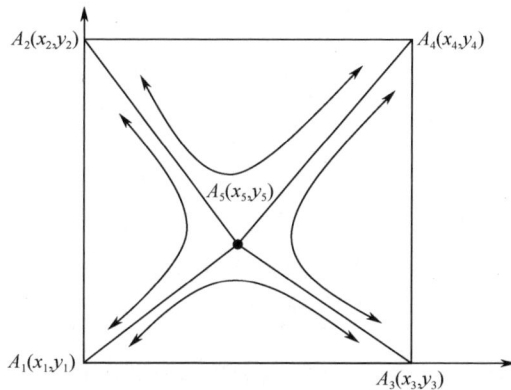

图 5-1　演化博弈相位图

（1）当 (x_1,y_1) 为演化博弈的稳定纳什均衡策略点时， $G-C>0$ 且 $H-F>0$ 。 (x_2,y_2) 和 (x_3,y_3) 不是演化博弈的稳定纳什均衡策略点，因为只有当 $A-E>0$ 和 $B-D>0$ 时， q_2 和 q_3 才能为正数，但此时 p_2 和 p_3 为负数。若 $A-E\leq0$ 或 $B-D\leq0$ ， (x_4,y_4) 也不是演化博弈的稳定纳什均衡策略点，此时只有 (x_1,y_1) 一个最终稳定点，最终群体 1 所有的主体都将采用策略 j ，群体 2 所有的主体都将采用策略 k ；若 $A-E>0$ 且 $B-D>0$ ， (x_4,y_4) 将为演化博弈的另一个稳定纳什均衡策略点，此时最终的演化博弈结果取决于 (x^*,y^*) 。当 (x^*,y^*) 落入演化博弈相位图的

$A_1A_2A_5A_3$ 区域内时，(x_1,y_1) 为最终稳定点，最终群体 1 所有的主体都将采用策略 j，群体 2 所有的主体都将采用策略 k；当 (x^*,y^*) 落入演化博弈相位图的 $A_4A_2A_5A_3$ 区域内时，(x_4,y_4) 为最终稳定点，最终群体 1 所有的主体都将采用策略 i，群体 2 所有的主体都将采用策略 l。

（2）当 (x_2,y_2) 为演化博弈的稳定纳什均衡策略点时，$E-A>0$ 且 $F-H>0$。(x_1,y_1) 和 (x_4,y_4) 不是演化博弈的稳定纳什均衡策略点，因为只有当 $C-G>0$ 和 $D-B>0$ 时，q_1 和 q_4 才能为正数，但此时 p_1 和 p_4 为负数。若 $C-G\leq0$ 或 $D-B\leq0$，(x_3,y_3) 也不是演化博弈的稳定纳什均衡策略点，此时只有 (x_2,y_2) 一个最终稳定点，最终群体 1 所有的主体都将采用策略 j，群体 2 所有的主体都将采用策略 l；若 $C-G>0$ 且 $D-B>0$，(x_3,y_3) 将为演化博弈的另一个稳定纳什均衡策略点，此时最终的演化博弈结果取决于 (x^*,y^*)。当 (x^*,y^*) 落入演化博弈相位图的 $A_2A_1A_5A_4$ 区域内时，(x_2,y_2) 为最终稳定点，最终群体 1 所有的主体都将采用策略 j，群体 2 所有的主体都将采用策略 l；当 (x^*,y^*) 落入演化博弈相位图的 $A_3A_1A_5A_4$ 区域内时，(x_3,y_3) 为最终稳定点，最终群体 1 所有的主体都将采用策略 i，群体 2 所有的主体都将采用策略 k。

（3）当 (x_3,y_3) 为演化博弈的稳定纳什均衡策略点时，$C-G>0$ 且 $D-B>0$。(x_1,y_1) 和 (x_4,y_4) 不是演化博弈的稳定纳什均衡策略点，因为只有当 $F-H>0$ 和 $E-A>0$ 时，q_1 和 q_4 才能为正数，而此时 p_1 和 p_4 为负数。若 $E-A\leq0$ 或 $F-H\leq0$，(x_2,y_2) 也不是演化博弈的稳定纳什均衡策略点，此时只有 (x_3,y_3) 一个最终稳定点，最终群体 1 所有的主体都将采用策略 i，群体 2 所有的主体都将采用策略 k；若 $E-A>0$ 且 $F-H>0$，(x_2,y_2) 将为演化博弈的另一个稳定纳什均衡策略点，此时最终的演化博弈结果取决于 (x^*,y^*)。当 (x^*,y^*) 落入演化博弈相位图的 $A_3A_1A_5A_4$ 区域内时，(x_3,y_3) 为最终稳定点，最终群体 1 所有的主体都将采用策略 i，群体 2 所有的主体都将采用策略 k；当 (x^*,y^*) 落入演化博弈相位图的 $A_2A_1A_5A_4$ 区域内时，(x_2,y_2) 为最终稳定点，最终群体 1 所有的主体都将采用策略 j，群体 2 所有的主体都将采用策略 l。

（4）当 (x_4,y_4) 为演化博弈的稳定纳什均衡策略点时，$A-E>0$ 且 $B-D>0$。(x_2,y_2) 和 (x_3,y_3) 不是演化博弈的稳定纳什均衡策略点，因为只有当 $H-F>0$ 和

$G-C>0$ 时，q_2 和 q_3 才能为正数，但此时 p_2 和 p_3 为负数。若 $G-C\leq0$ 或 $H-F\leq0$，(x_1,y_1) 也不是演化博弈的稳定纳什均衡策略点，此时只有 (x_4,y_4) 一个最终稳定点，最终群体 1 所有的主体都将采用策略 i，群体 2 所有的主体都将采用策略 l；若 $G-C>0$ 且 $H-F>0$，(x_1,y_1) 将为演化博弈的另一个稳定纳什均衡策略点，此时最终的演化博弈结果取决于 (x^*,y^*)。当 (x^*,y^*) 落入演化博弈相位图的 $A_4A_2A_5A_3$ 区域内时，(x_4,y_4) 为最终稳定点，最终群体 1 所有的主体都将采用策略 i，群体 2 所有的主体都将采用策略 l；当 (x^*,y^*) 落入演化博弈相位图的 $A_1A_2A_5A_3$ 区域内时，(x_1,y_1) 为最终稳定点，最终群体 1 所有的主体都将采用策略 j，群体 2 所有的主体都将采用策略 k。

5.2 碳排放权交易市场规制演化博弈分析

本节基于多同质群体的动态演化博弈理论，研究了政府对企业排放报告的规制过程中，各相关主体的行为策略演变。分析了在政府不同的监管策略下，碳排放权交易市场的运行效果以及最终达到的稳定纳什均衡状态，为生态主管部门实施高效监管提供了理论依据。

5.2.1 演化博弈情景

建立严格的监管体系和高额的违规罚款，是保障碳排放权交易市场有效运作的关键要素。目前，中国 MRV 体系中政府对企业的监管缺位、对违规行为的处罚力度较小的问题，影响了数据的可靠性。《全国碳排放权交易管理办法（试行）》规定，设区的市级以上地方生态环境主管部门应根据对重点排放单位温室气体排放报告的核查结果，确定监督检查重点和频次。此外，设区的市级以上地方生态环境主管部门应当采取"双随机、一公开"的方式，监督检查重点排放单位温室气体排放和碳排放配额清缴情况，并将相关情况按程序报生态环境部。生态环境部、省级生态环境主管部门、设区的市级生态环境主管部门的有关工作人员，在全国碳排放权交易及相关活动的监督管理中滥用职权、玩忽职守、徇私舞弊的，由其上级行政机关或者监察机关责令改正，并依法予以处分。重点排放单位虚报、瞒报温室气体排放报告，或者拒绝履行温室气体排放报告义务的，由其生产经营场所所在地设区的市级以上地方生态环境主管部门责令限期改正，处一万元以上三万元以下的罚款。逾期未改正的，省级生态环境主管部门将测算其温室气体实际排放量，并以此作为碳排放配额清缴的依据；对于虚报或瞒报部分，将相应核减其下一年度的碳排放配额。

在政府规制碳排放权交易市场的博弈中，将生态环境主管部门和重点排放单位作为两类同质群体进行博弈，分析不同情形下的行为策略演变。

5.2.2　演化博弈分析

在政府规制碳排放权交易市场的演化博弈模型中，生态环境主管部门随机检查重点排放单位的温室气体排放情况，其对每个重点排放单位都有两种策略，即"监督检查"和"未抽中检查"。与此同时，重点排放单位也有两种策略，即"如实报告排放"和"虚报瞒报排放"。在演化博弈中，各同质群体内部拥有相同的策略组合和收益函数。该博弈为多同质群体的动态演化博弈，博弈收益矩阵为非对称的博弈矩阵，如表 5-3 所示。

表 5-3　政府监管企业排放演化博弈收益矩阵

博弈主体		重点排放单位	
		如实报告排放	虚报瞒报排放
生态环境主管部门	未抽中检查	$0,\ E-C$	$-P,\ E$
	监督检查	$G-S,\ E-C$	$G+F-S,\ E-F$

其中，E 为重点排放单位生产经营的收益，C 为重点排放单位如实报告温室气体排放并完成履约的减排成本，P 为生态环境主管部门未对虚报瞒报重点排放单位进行检查，从而产生的玩忽职守处罚，G 为对生态环境主管部门监督检查重点排放单位给予的经费支持，S 为生态环境主管部门监督检查

重点排放单位而产生的执法成本，F 为生态环境主管部门对重点排放单位虚报瞒报排放行为的罚款处罚。

假设重点排放单位"未抽中检查"的比例为 x，即生态环境主管部门对 $1-x$ 比例的重点排放单位选择"监督检查"策略，x 随时间 t 的变化速率为 $f(x,y)$。重点排放单位选择"如实报告排放"策略的比例为 y、选择"虚报瞒报排放"策略的比例为 $1-y$，y 随时间 t 的变化速率为 $g(x,y)$。根据多同质群体动态演化博弈理论，$f(x,y)$ 和 $g(x,y)$ 的表达式如式（5-37）所示。

$$\begin{cases} f(x,y) = x(1-x)[(P+F)y+S-G-F-P] \\ g(x,y) = y(1-y)(F-C-Fx) \end{cases} \tag{5-37}$$

方程式 $f(x,y)=0$ 和 $g(x,y)=0$ 有 5 个解，分别为 $(x_1,y_1)=(0,0)$，$(x_2,y_2)=(0,1)$，$(x_3,y_3)=(1,0)$，$(x_4,y_4)=(1,1)$，$(x_5,y_5)=[(F-C)/F,(G+F+P-S)/(P+F)]$。其中，$(x_5,y_5)$ 不是演化博弈的稳定纳什均衡策略点。由于 $C>0$，因此 (x_4,y_4) 也不是演化博弈的稳定纳什均衡策略点，即生态环境主管部门不检查所有重点排放单位，而所有重点排放单位如实报告其温室气体排放并完成履约，这一策略不是演化博弈的稳定纳什均衡状态。

（1）当 $G+F+P-S>0$ 且 $C-F>0$ 时，(x_1,y_1) 为演化博弈的稳定纳什均衡策略点，(x_2,y_2) 和 (x_3,y_3) 不是演化博弈的稳定纳什均衡策略点。此时，重点排放单位的减排履约成本大于虚报瞒报排放的罚款处罚，无论生态环境主管部门是否对其排放进行检查，重点排放单位都会选择"虚报瞒报排放"的策略。在重点排放单位都选择"虚报瞒报排放"策略的情况下，生态环境主管部门监督检查重点排放单位的收益将比不检查高，生态环境主管部门将选择监督检查重点排放单位。最终，所有重点排放单位都选择"虚报瞒报排放"策略，生态环境主管部门对所有重点排放单位都选择"监督检查"策略。在这一情形下，由于对虚报瞒报排放的处罚力度较小，重点排放单位将缴纳罚款以使其违规行为"合法化"。

（2）当 $G-S>0$ 且 $F-C>0$ 时，(x_2,y_2) 为演化博弈的稳定纳什均衡策略点，(x_1,y_1) 不是演化博弈的稳定纳什均衡策略点。由于 $F>0$ 且 $P>0$，因此，(x_3,y_3) 也不是演化博弈的稳定纳什均衡策略点。此时，生态环境主管部门监督检查重点排放单位的经费支持大于执法成本，无论重点排放单位是否采取违规行为，生态环境主管部门都会选择对重点排放单位进行监督检查。在生态环境主管部门对重点排放单位排放都进行监督检查的情况下，重点排放单位的减排履约成本低于虚报瞒报排放所可能面临的罚款处罚，因此，重点排放单位将选择"如实报告排放"策略。最终，生态环境主管部门对所有重点排放单位都选择"监督检查"策略，所有重点排放单位都选择"如实报告排放"策略。在这一情形下，由于监督检查重点排放单位的经费支持较高，生态环境主管部门将积极进行监督检查，促使重点排放单位遵守法律规定，以避免因违规行为而遭受高额罚款处罚。

（3）当 $S-G-F-P>0$ 时，(x_3,y_3) 为演化博弈的稳定纳什均衡策略点，(x_1,y_1) 不是演化博弈的稳定纳什均衡策略点。由于 $F>0$ 且 $P>0$，因此，(x_2,y_2) 也不是演化博弈的稳定纳什均衡策略点。此时，相较于监督检查重点排放单位所获得的经费支持、罚款处罚以及未检查而产生的玩忽职守处罚，生态环境主管部门监督检查重点排放单位的执法成本较高，无论重点排放单位是否采取违规行为，生态环境主管部门都不会检查重点排放单位。在生态环境主管部门不检查重点排放单位的情况下，重点排放单位将选择虚报瞒报排放。最终，生态环境主管部门对所有重点排放单位选择"未抽中检查"策略，所有煤电企业则选择"虚报瞒报排放"策略。在这一情形下，由于监督检查重点排放单位的收益较低，且玩忽职守的处罚也相对较轻，这将削弱生态环境主管部门监督检查重点排放单位的积极性，促使重点排放单位违规，以谋取违法利益。

（4）在其他条件下，政府监管企业的演化博弈模型将不存在稳定纳什均衡策略点，生态环境主管部门对重点排放单位随机监督检查的比例和重点排放单位虚报瞒报排放的比例，都将根据对方策略的调整而不断变化。当监管力度较大时，即随机监督检查重点排放单位的数量较多、比例较高，重点排放单位违规行为被检查出来的概率较大，所面临的风险较高，违规期望成本较高。因此，重点排放单位更倾向于选择"如实报告排放"策略，此时生态环境主管部门的罚款期望收益较低，执法期望成本较高，监督检查重点排放单位的期望收益将减少，监管力度也将随之减小；当监管力度较小时，即随机监督检查重点排放单位的数量较少、比例较低，重点排放单位违规行为被查出的概率较小，所面临的风险较低，违规的期望收益较高。因此，重点排放单位更倾向于选择"虚报瞒报排放"策略，此时生态环境主管部门的罚款期望收益较高，玩忽职守的处罚期望较大，监督检查重点排放单位的期望收益将升高，进而可能导致监管力度的增加。因此，在生态环境主管部门监督检查重点排放单位时，双方会形成一个不断演化的博弈过程，当生态环境主管部门的监管力度较大时，将有更多重点排放单位选择"如实报告排放"策略，在重点排放单位减排履约比例提高后，生态环境主管部门将减小监管力度以降低执法成本。在监管力度减小后，重点排放单位将会选择"虚报瞒报排放"策略，而生态环境主管部门的玩忽职守处罚将增大，进而促使监管力度再次提高，这样的博弈过程将不断循环，演化博弈始终无法达到纳什均衡状态。

（5）假如生态环境主管部门对重点排放单位的监督检查比例一直保持不变，不随时间 t 变化，即使重点排放单位改变策略，也不会依据自身收益的变化而改变策略，即 $x \equiv x^*$ 且 $f(x,y)=0$。此时，$g(x,y)=0$ 有两个解，即 $y_1=0$，$y_2=1$。因为 $P>0$ 且 $C>0$，根据多同质群体动态演化博弈理论，y_1 和 y_2 都是重点排放单位的稳定纳什均衡策略点，最终的演化博弈结果取决于 x 的初始值 x^*，而 x_5 就是演化博弈的鞍点。当 $0<x^*<x_5$ 时，生态环境主管部门监督检查概率较大，监管力度较大，最终所有重点排放单位都将选择"如实报告排放"策略；当 $x_5<x^*<1$ 时，生态环境主管部门监督检查概率较小，监管力度较小，最终所有重点排放单位都将选择"虚报瞒报排放"策略。

5.2.3 演化博弈结果

根据第 5.2.2 节构建的演化博弈模型，设置五种不同情形，分析政府规制碳排放权交易市场演化博弈中，生态环境主管部门和重点排放单位的具体策略动态演进过程，并探索在生态环境主管部门监管力度不变时，重点排放单位的最终稳定策略，以验证演化博弈模型的分析结果。

（1）当 $G+F+P-S>0$ 且 $C-F>0$ 时，假设重点排放单位生产经营的收益为 2，减排履约的成本为 1.5，生态环境主管部门未检查而产生的玩忽职守处罚为 0.8，监督检查重点排放单位的资金支持为 0.4，监督检查重点排放单位的执法成本为 0.6，对虚报瞒报排放的重点排放单位罚款处罚为 1。生态环境主管部门监督检查重点排放单位和重点排放单位如实报告排放的初始比例均为 50%。模拟的演化博弈结果如图 5-2 所示。

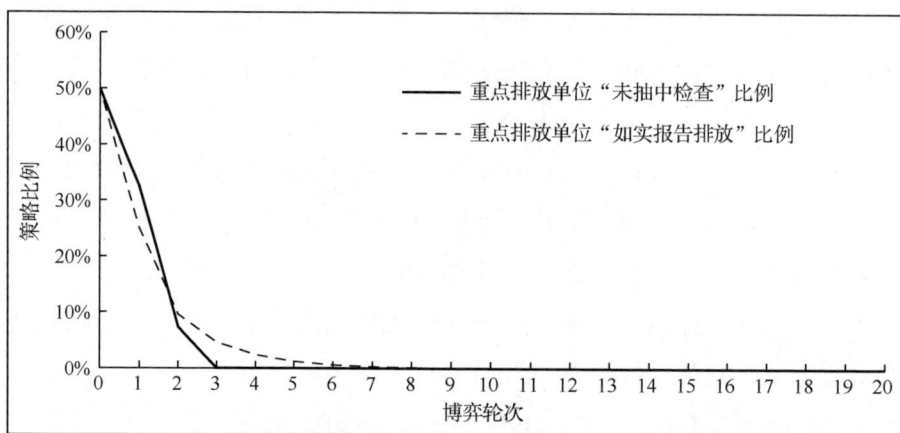

图 5-2　模拟的演化博弈结果（情形一）

根据图 5-2，最终生态环境主管部门将对所有的重点排放单位采取"监督检查"策略，而所有的重点排放单位都将采取"虚报瞒报排放"策略，验证了本书 5.2.2 节情形一的演化博弈分析。在博弈策略的动态演进过程中，生态环境主管部门比重点排放单位更快达到稳定策略。在第 3 轮博弈中，生态环境主管部门就对所有重点排放单位选择"监督检查"策略，而直到第 20 轮博弈，依旧有非常小（接近于 0）比例的重点排放单位选择"如实报告排放"策略。根据情形一的模拟结果，在政府规制碳排放权交易市场时，需要对企业的违规行为设置较高的处罚力度，否则将激励企业选择违规行为。当处罚力度小于企业的减排履约成本时，企业将缴纳罚款，以"合法化"其违规行为。

（2）当 $G-S>0$ 且 $F-C>0$ 时，假设重点排放单位生产经营的收益为 2，减排履约的成本为 0.5，生态环境主管部门未检查而产生的玩忽职守处罚为

0.8，监督检查重点排放单位的资金支持为 0.6，监督检查重点排放单位的执法成本为 0.4，对虚报瞒报排放的重点排放单位罚款处罚为 1。生态环境主管部门监督检查重点排放单位和重点排放单位如实报告排放的初始比例均为 50%。模拟的演化博弈结果如图 5-3 所示。

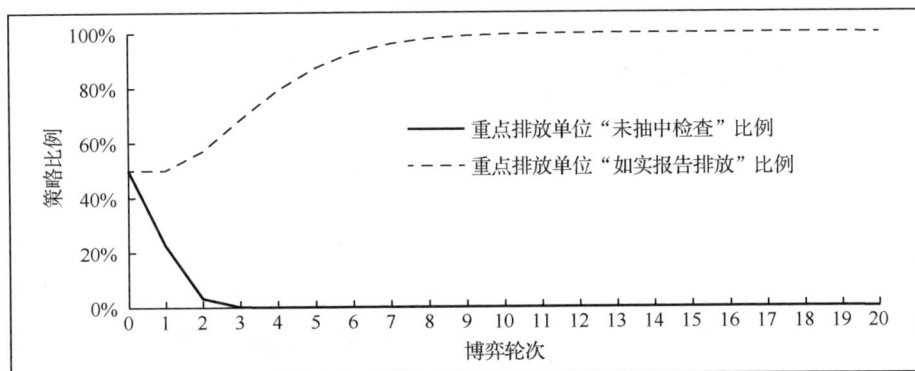

图 5-3 模拟的演化博弈结果（情形二）

根据图 5-3，最终生态环境主管部门将对所有的重点排放单位都采取"监督检查"策略，而所有重点排放单位都将采取"如实报告排放"策略，验证了第 5.2.2 节情形二的演化博弈分析。在博弈策略的动态演进过程中，生态环境主管部门在情形二中达到稳定策略的速度比情形一更慢，重点排放单位达到稳定策略的速度同样较慢。在第 20 轮博弈中，生态环境主管部门对几乎所有重点排放单位都选择"监督检查"策略，几乎所有的重点排放单位都选择"如实报告排放"策略。根据情形二模拟的结果，在政府规制碳排放权交易市场时，上级部门应增加对地方生态环境主管部门监督检查的资金支持，激励生态环境主管部门对企业排放进行监督检查。

（3）当 $S-G-F-P>0$ 时，假设重点排放单位生产经营的收益为 2，减排履约的成本为 0.5，生态环境主管部门未检查而产生的玩忽职守处罚为 0.8，监督检查重点排放单位的资金支持为 0.4，监督检查重点排放单位的执法成本为 2.5，对虚报瞒报排放的重点排放单位罚款处罚为 1。生态环境主管部门监督检查重点排放单位和重点排放单位如实报告排放的初始比例均为 50%。模拟的演化博弈结果如图 5-4 所示。

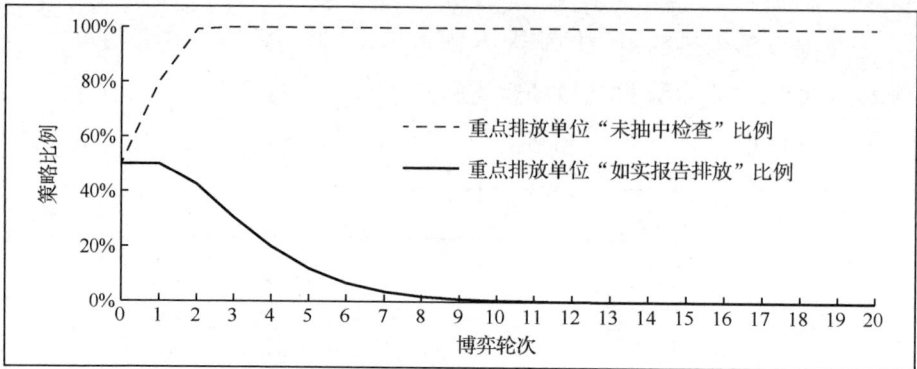

图 5-4　模拟的演化博弈结果（情形三）

根据图 5-4，最终生态环境主管部门将对所有的重点排放单位采取"未抽中检查"策略，而所有重点排放单位都采取"虚报瞒报排放"策略，验证了第 5.2.2 节情形三的演化博弈分析。在博弈策略的动态演进过程中，生态环境主管部门比重点排放单位更快达到稳定策略。在第 3 轮博弈中，生态环境主管部门就对所有重点排放单位选择"未抽中检查"策略，而直到第 20 轮博弈，依旧有非常小（接近于 0）比例的重点排放单位选择"如实报告排放"策略。根据情形三模拟的结果，在政府规制碳排放权交易市场时，上级部门对地方生态环境主管部门的玩忽职守应予以高额处罚，否则生态环境主管部门将缺乏监督检查重点排放单位的动机。当生态环境主管部门监督检查的资金支持、玩忽职守的处罚以及对企业违规行为的罚款总和小于执法成本时，生态环境主管部门将不会监督检查企业的排放。

（4）在其他情形下，假设重点排放单位生产经营的收益为 2，减排履约的成本为 0.5，生态环境主管部门未检查而产生的玩忽职守处罚为 0.8，监督检查重点排放单位的资金支持为 0.4，监督检查重点排放单位的执法成本为 0.6，对虚报瞒报排放的重点排放单位罚款处罚为 1。生态环境主管部门监督检查重点排放单位和重点排放单位如实报告排放的初始比例均为 50%。模拟的演化博弈结果如图 5-5 所示。

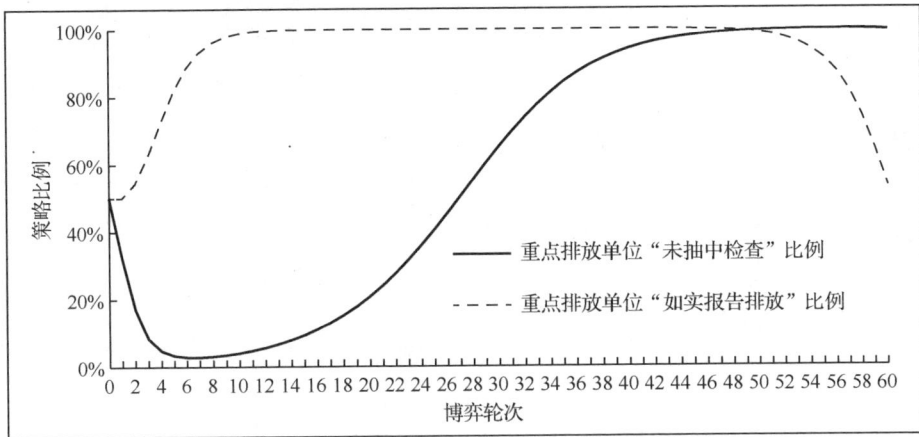

图 5-5 模拟的演化博弈结果（情形四）

根据图 5-5，生态环境主管部门和重点排放单位根据对方策略不断改变自身策略以使收益最大化。在第 8 轮博弈以前，由于重点排放单位中存在一定比例的违规行为，生态环境主管部门选择"监督检查"策略收益更高。因此，生态环境主管部门对重点排放单位的检查比例逐渐升高，而此时重点排放单位的违规成本较高，选择"如实报告排放"策略的比例也随之升高。在几乎没有企业存在违规行为时，生态环境主管部门选择"未抽中检查"策略的收益更高。因此，在第 8 轮博弈之后，生态环境主管部门对重点排放单位的监督检查比例逐渐降低，重点排放单位的违规成本也随之降低。在第 50 轮博弈之后，生态环境主管部门几乎对所有重点排放单位都不进行检查，此时重点排放单位违规收益较高，选择"虚报瞒报排放"策略的比例也随之升高。生态环境主管部门与重点排放单位的"监督检查—如实报告排放"和"未抽中检查—虚报瞒报排放"策略组合在演化博弈中不断交替，始终无法达到纳什均衡状态，验证了本书 5.2.2 节情形四的演化博弈分析。由于生态环境主管部门能够根据重点排放单位的策略主动率先改变策略。而重点排放单位需要根据生态环境主管部门的行动被动改变策略，因此其策略变化总是滞后于生态环境主管部门。

（5）在生态环境主管部门对重点排放单位的监督检查比例一直保持不变时，假设重点排放单位生产经营的收益为 2，减排履约的成本为 0.5，生态环境主管部门未检查而产生的玩忽职守处罚为 0.8，监督检查重点排放单位的资金支持为 0.4，监督检查重点排放单位的执法成本为 0.6，对虚报瞒报排放的重点排放单位罚款处罚为 1，此时 $x_5=0.5$。

当生态环境主管部门监督检查重点排放单位和重点排放单位如实报告排放的初始比例均为 30% 时，模拟的演化博弈结果如图 5-6 所示。

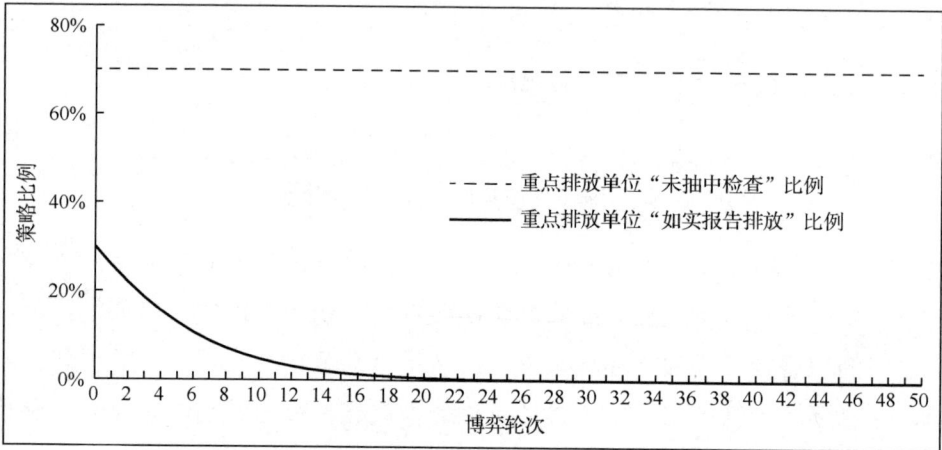

图 5-6　模拟的演化博弈结果（情形五：不检查比例高于鞍点值）

根据图 5-6，由于生态环境主管部门选择"未抽中检查"策略比例高于鞍点值，即 $x_5<x^*<1$，因此 $y_1=0$ 为演化博弈的稳定纳什均衡策略点，最终所有重点排放单位都选择"虚报瞒报排放"策略。

当生态环境主管部门监督检查重点排放单位和重点排放单位如实报告排放的初始比例均为 70% 时，模拟的演化博弈结果如图 5-7 所示。

根据图 5-7，由于生态环境主管部门选择"未抽中检查"策略比例低于鞍点值，即 $0<x^*<x_5$，因此 $y_2=1$ 为演化博弈的稳定纳什均衡策略点，最终所有重点排放单位都选择"如实报告排放"策略。

当生态环境主管部门监督检查重点排放单位的初始比例为 50%，重点排放单位如实报告排放的初始比例为 40% 时，模拟的演化博弈结果如图 5-8 所示。

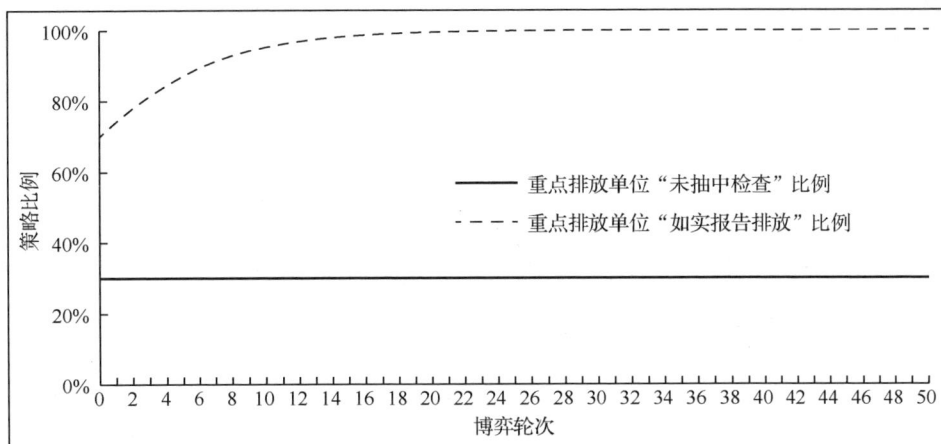

图 5-7　模拟的演化博弈结果（情形五：不检查比例低于鞍点值）

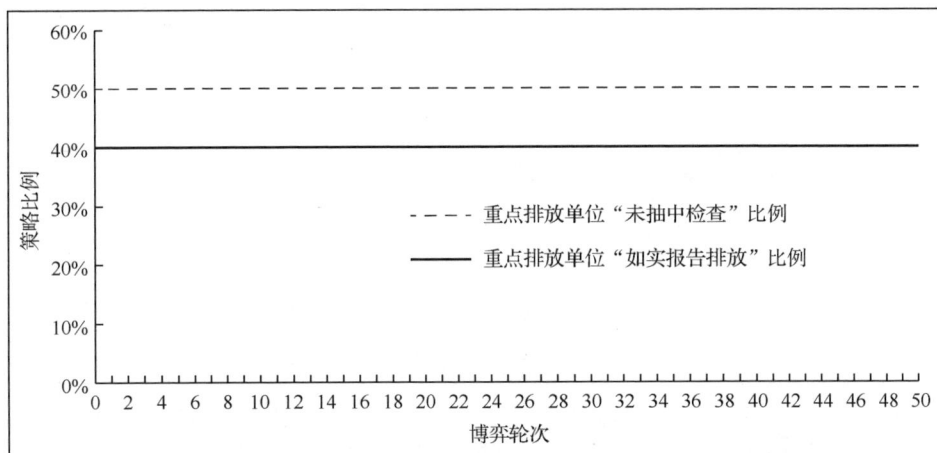

图 5-8　模拟的演化博弈结果（情形五：不检查比例等于鞍点值）

　　根据图 5-8，由于生态环境主管部门选择"未抽中检查"策略的比例等于鞍点值，即 $x^* = x_5$，此时重点排放单位选择"如实报告排放"策略和"虚报瞒报排放"策略的期望收益相等，因此重点排放单位不会改变策略，重点排放单位选择"如实报告排放"策略的比例一直维持在 40%。

　　上述三种情况的演化博弈结果验证了本书 5.2.2 节情形五的演化博弈分析。

　　在生态环境主管部门与重点排放单位策略无法达到稳定的纳什均衡状态情况下，生态环境主管部门可以保持检查重点排放单位的比例不变。理论上，生态环境主管部门通过演化博弈模型，可以计算出"未抽中检查"策略的鞍点值。在政府规制碳排放权交易市场时，设置高于"监督检查"策略鞍点值的检查比例，则能够实现所有重点排放单位都选择"如实报告排放"策略。

5.3 碳排放权交易市场调控演化博弈分析

本节基于单同质群体的动态演化博弈理论，研究了政府调控市场配额价格时，各相关主体的行为策略演变。分析了在不同配额价格和预留配额投放回购总量下，碳排放权交易市场的运行效果以及最终达到的稳定纳什均衡状态，为生态主管部门制定合理的市场调控措施触发条件以及预留配额投放回购总量提供了理论支撑。

5.3.1 市场调控措施触发条件

（1）演化博弈情景。

在碳排放权交易市场中，重点排放单位有两种策略可以选择，一种是"主动减排"策略，即通过减少 CO_2 排放来完成履约，并将盈余配额出售给市场中需要购买配额履约的企业；另一种是"购买配额"策略，即未减少 CO_2 排放，而是通过购买碳排放权交易市场中的盈余配额来完成履约。当所有重点排放单位都选择"主动减排"策略时，碳排放权交易市场中将没有配额需求。此时所有重点排放单位都承担了自身的全部减排成本，减排产生的盈余配额并未带来额外收益。当所有重点排放单位都选择"购买配额"策略时，碳排放权交易市场中的配额需求将非常大。此时所有重点排放单位都无法完成履约，从而需要承担未履约处罚。当一部分重点排放单位选择"主动减排"策略，而另一部分重点排放单位选择"购买配额"策略时，碳排放权交易市场中将实现配额的供需平衡。此时所有重点排放单位都能完成履约，而减排企业通过减排产生的盈余配额能够获得收益，其减排成本由购买配额的企业分担。未减排企业能够通过购买配额完成履约，避免承担未履约的处罚。

市场配额价格能够影响企业在碳排放权交易市场中的行为策略选择及其演化博弈过程。《全国碳排放权交易管理办法（试行）（征求意见稿）》明确规定，生态环境部负责建立全国碳排放权交易市场调节机制，以确保市场的稳定运行。

在政府调控市场配额价格的博弈过程中，将碳排放权交易市场中的重点排放单位视为同质群体进行博弈，分析在不同配额价格下，这些排放单位的行为策略如何演变。

（2）演化博弈分析。

由于演化博弈中将重点排放单位视作同质群体，因此该博弈为单同质群体的动态演化博弈，所有主体都具有相同的策略组合和收益函数，博弈收益矩阵为对称的博弈矩阵。表 5-4 所示为碳排放权交易市场中企业的演化博弈收益矩阵。

表 5-4　碳排放权交易市场中企业的演化博弈收益矩阵

博弈主体		重点排放单位 B	
		主动减排	购买配额
重点排放单位 A	主动减排	$-R$, $-R$	$M-R$, $-M$
	购买配额	$-M$, $M-R$	$-Q$, $-Q$

其中，R 为重点排放单位的减排成本，M 为出售盈余配额而产生的收益或购买盈余配额而支付的成本，Q 为重点排放单位未完成履约而受到的处罚。假设 R、$R-M$、M 和 Q 两两互不相等。

假设重点排放单位选择"主动减排"策略的比例为 x，x 随时间 t 的变化速率为 $f(x)$。根据单同质群体动态演化博弈理论，$f(x)$ 的表达式为

$$f(x) = Qx^3 + (R-M-2Q)x^2 + (M-R+Q)x \qquad (5\text{-}38)$$

方程式 $f(x)=0$ 有 3 个解，分别为 $x_1=0$，$x_2=1$，$x_3=(M-R+Q)/Q$。

情形一：当 $R>M$ 且 $R-M>Q$ 时，x_1 为演化博弈的稳定纳什均衡策略点，x_2 和 x_3 不是演化博弈的稳定纳什均衡策略点。此时由于未履约处罚小于重点排放单位扣除出售配额收益后的减排成本，部分重点排放单位将选择"购买

配额"策略，而其他单位也会选择这一策略，缴纳未履约处罚，从而使其未履约行为"合法化"；由于减排成本高于购买配额的成本，因此在部分重点排放单位选择"主动减排"策略时，其他重点排放单位将选择"购买配额"策略，通过购买配额完成履约。无论何种情况，重点排放单位选择"购买配额"策略都能获得最大收益。最终，所有重点排放单位都将选择"购买配额"策略。在市场配额价格和未履约处罚较低的情况下，所有重点排放单位都不会进行减排，因此无法完成履约。此时生态环境主管部门需要启动市场调控措施，提升市场配额价格。

情形二：当 $R<M$ 时，x_2 为演化博弈的稳定纳什均衡策略点，x_1 和 x_3 不是演化博弈的稳定纳什均衡策略点。此时由于重点排放单位出售盈余配额的收益大于减排成本，因此在部分重点排放单位选择"购买配额"策略时，其他重点排放单位将选择"主动减排"策略，以获取更高的收益，避免缴纳未履约处罚；由于重点排放单位减排成本小于购买配额的成本，因此在部分重点排放单位选择"主动减排"策略时，其他重点排放单位也将选择"主动减排"策略，而不是通过购买配额完成履约。无论何种情况，重点排放单位选择"主动减排"策略都能获得最大收益。最终，所有重点排放单位都将选择"主动减排"策略。当市场配额价格过高时，所有重点排放单位都将减排，虽然能完成履约，但是企业群体的经济效率很低，此时生态环境主管部门需要启动市场调控措施来调低市场配额价格。

情形三：当 $R>M$ 且 $R-M<Q$ 时，x_3 为演化博弈的稳定纳什均衡策略点，x_1 和 x_2 不是演化博弈的稳定纳什均衡策略点。此时由于减排成本和未履约处罚较高，而配额价格相对合理，因此重点排放单位在都选择"主动减排"策略或"购买配额"策略时，其收益较低。当一部分重点排放单位选择"主动减排"策略并通过出售盈余配额获得收益，而另一部分选择"购买配额"策略以分担减排成本时，企业群体将都完成履约，且经济效率较高。最终，将有 $(M-R+Q)/Q$ 比例的重点排放单位选择"主动减排"策略，$(R-M)/Q$ 比例的重点排放单位选择"购买配额"策略。此时生态主管部门不需要启动市场调控措施。

（3）演化博弈结果。

根据前面演化博弈分析中构建的演化博弈模型，设置 3 种不同情形，分析在政府调控碳排放权交易市场的演化博弈中，在不同配额价格下，重点排放单位的具体策略动态演进过程，并探索触发市场调控措施的配额价位区间，验证演化博弈模型分析结果。

①当 $R>M$ 且 $R-M>Q$ 时，假设重点排放单位的减排成本为 1，出售盈余配额而产生的收益或购买盈余配额而产生的成本为 0.4，重点排放单位未完成履约而受到的处罚为 0.4。重点排放单位选择"主动减排"策略的初始比例为 50%。模拟的演化博弈结果如图 5-9 所示。

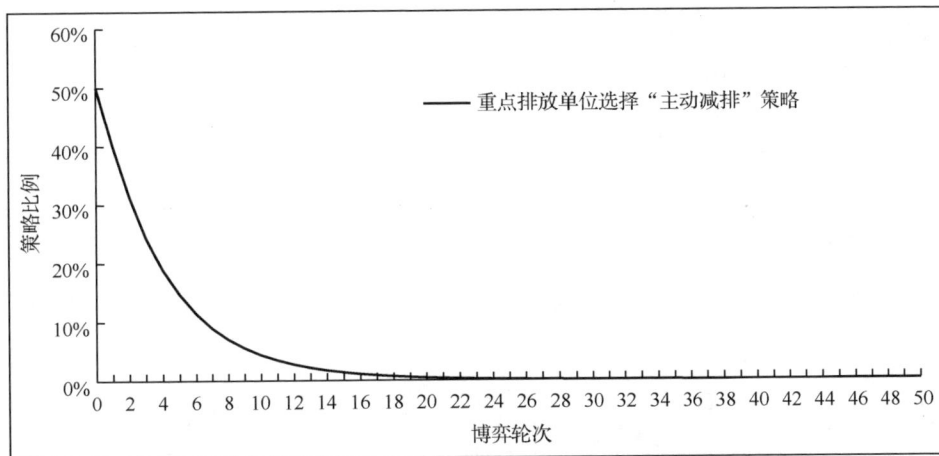

图 5-9 模拟碳排放权交易市场中企业的演化博弈结果（情形一）

根据图 5-9，最终所有的重点排放单位都将采取"购买配额"策略。当未履约处罚小于扣除出售配额收益后的减排成本时，重点排放单位将选择不履约，而支付未履约处罚以"合法化"其未履约行为，这验证了前文情形一的演化博弈分析。根据情形一的模拟结果，此时的配额价格较低，政府需要启动市场调控措施，通过回购预留配额来提升配额市场价格。

② 当 $R<M$ 时，假设重点排放单位的减排成本为 1，出售盈余配额所产生的收益或购买盈余配额所需的成本为 1.2，重点排放单位未完成履约而受到的处罚为 0.8。重点排放单位选择"主动减排"策略的初始比例为 50%。

模拟的演化博弈结果如图 5-10 所示。

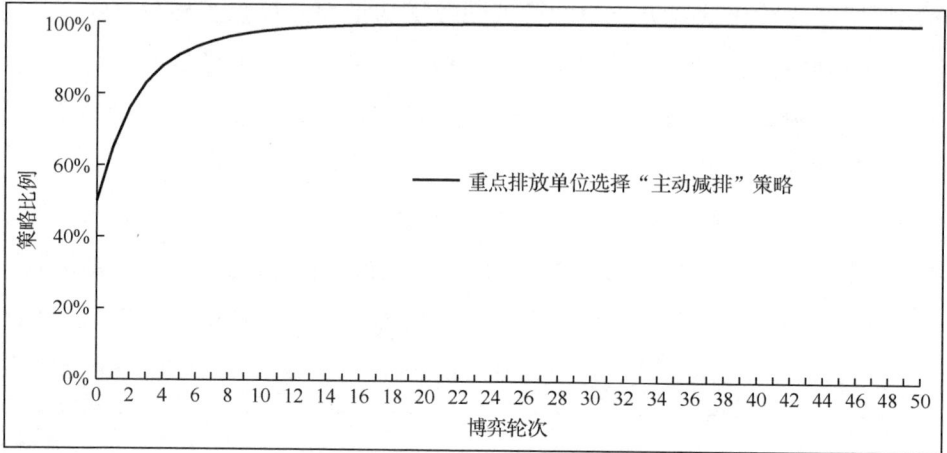

图 5-10　模拟碳排放权交易市场中企业的演化博弈结果（情形二）

根据图 5-10，最终所有的重点排放单位都将采取"主动减排"策略。当市场配额价格过高时，重点排放单位将通过减排完成履约，但此时群体的经济效率较低，验证了前文情形二的演化博弈分析。根据情形二的模拟结果，此时的配额价格较高，政府需要触发市场调控措施，向市场投放预留配额，以调低配额的市场价格。

③ 当 $R>M$ 且 $R-M<Q$ 时，假设重点排放单位的减排成本为 1，出售盈余配额而产生的收益或购买盈余配额而产生的成本为 0.4。在未履约处罚较低的情形下，重点排放单位未完成履约而受到的处罚为 0.8；在未履约处罚适中的情形下，重点排放单位未完成履约而受到的处罚为 1.2；在未履约处罚较高的情形下，重点排放单位未完成履约而受到的处罚为 2.4。重点排放单位选择"主动减排"策略的初始比例为 90%。模拟的演化博弈结果如图 5-11 所示。

根据图 5-11，在未履约处罚较低的情形下，最终 25% 的重点排放单位将选择"主动减排"策略，75% 的重点排放单位将选择"购买配额"策略；在未履约处罚适中的情形下，最终 50% 的重点排放单位将选择"主动减排"策略，50% 的重点排放单位将选择"购买配额"策略；在未履约处罚较高的情形下，最终 75%的重点排放单位将选择"主动减排"策略，25%的重点排放单位将选择"购买配额"策略，验证了前文情形三的演化博弈分析。政府对未履约行为的处罚力度越大，选择"主动减排"策略的重点排放单位将越多，同时重点排放单位达到稳定策略的速度越快。在未履约处罚较高的情形下，重点排放单位在第 7 轮博弈中即达到相对稳定策略；在未履约处罚适中的情形下，重点排放单位在第 13 轮博弈中即达到相对稳定策略；在未履约处罚较低的情形下，重点排放单位在第 24 轮博弈中都还未达到相对稳定策略。此时，由于减排履约的成本大于购买配额履约的成本，所有重点排放单位都选择"主动减排"策略或"购买配额"策略时的收益较低。因此选择"主动减排"策略的重点排放单位做出牺牲，以减排方式完成履约，实现了群体利益的最大化。根据情形三的模拟结果，此时的配额价格在合理的价位区间，政府无须触发市场调控措施。

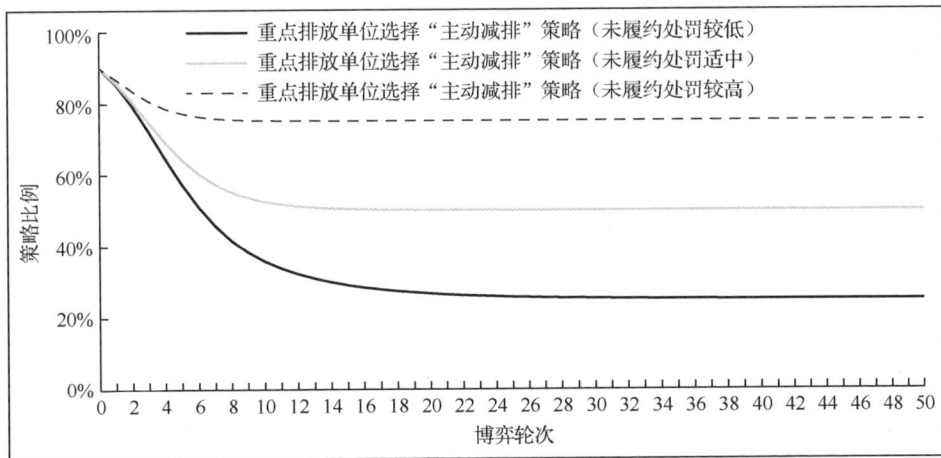

图 5-11　模拟碳排放权交易市场中企业的演化博弈结果（情形三）

5.3.2　预留配额投放回购总量

（1）演化博弈情景。

当政府通过投放和回购预留配额对市场配额价格进行调控时，应根据碳排放权交易市场的配额供需情况来确定投放回购总量。由于投放和回购这两种调控配额市场价格的措施具有对称的相反效果，因此本节仅研究通过投放预留配额来调低配额价格的市场调控措施。在政府投放预留配额以调低配额市场价格时，出售配额的重点排放单位有两种策略选择：一是"原价挂卖"策略，即重点排放单位依旧以较高价格出售配额；二是"低价挂卖"策略，即重点排放单位以相对低的价格出售配额，从而能够出售更多的配额。但假如所有出售配额的重点排放单位都选择了"低价挂卖"策略，市场将进入一个新的平衡状态，即各企业以较低的价格占据相同的市场份额，在这种情况下，配额价格将大幅下降，而出售配额的重点排放单位收益将低于其选择"原价挂卖"策略时的收益。

投放回购的预留配额总量将影响企业在碳排放权交易市场中的行为策略选择及其演化博弈过程，进而影响配额价格。《全国碳排放权交易管理办法（试行）（征求意见稿）》规定，生态环境部可预留一定数量的排放配额，用于市场调节、重大项目建设等。

在政府调控市场配额价格的博弈过程中，可以将碳排放权交易市场中的重点排放单位作为同质群体，分析在投放不同预留配额总量情形下的价格变化情况。

（2）演化博弈分析。

在政府向碳排放权交易市场投放预留配额时，出售配额的重点排放单位有两种策略，即"原价挂卖"和"低价挂卖"。由于演化博弈中将出售配额的重点排放单位视作同质群体，因此该博弈为单同质群体的动态演化博弈，所有主体都具有相同的策略组合和收益函数，博弈收益矩阵为对称的博弈矩阵。表 5-5 所示为政府调控下出售配额企业的演化博弈收益矩阵。

表 5-5　政府调控下出售配额企业的演化博弈收益矩阵

博弈主体		重点排放单位 B	
		原价挂卖	低价挂卖
重点排放单位 A	原价挂卖	W, W	T, B
	低价挂卖	B, T	L, L

其中，W 为所有重点排放单位都选择"原价挂卖"策略时的收益，T 为当部分重点排放单位选择"低价挂卖"策略时，选择"原价挂卖"策略的重点排放单位的收益，B 为当部分重点排放单位选择"原价挂卖"策略时，选择"低价挂卖"策略的重点排放单位的收益，L 为所有重点排放单位都选择"低价挂卖"策略时的收益。

假设 W、T、B 和 L 两两互不相等。由于在重点排放单位都选择"原价挂卖"或"低价挂卖"策略时，每个重点排放单位的市场份额相同，但是后者配额挂卖价格较低，因此有 $W>L$。在部分重点排放单位选择"原价挂卖"策略时，选择"低价挂卖"策略的重点排放单位可以出售更多的配额，而在所有重点排放单位都选择"低价挂卖"策略时，每个重点排放单位只能售出等量配额，因此有 $B>L$。在所有重点排放单位都选择"原价挂卖"策略时，每个重点排放单位将出售等量配额，而在部分重点排放单位选择"低价挂卖"策略时，选择"原价挂卖"策略的重点排放单位只能出售更少的配额，因此有 $W>T$。不管碳排放权交易市场中出售配额的重点排放单位如何选择策略，由于市场对配额的需求量不变，因此整个重点排放单位群体出售的配额数量不变。而在所有出售配额企业都选择"原价挂卖"策略时，配额平均价格最高；当部分重点排放单位选择"原价挂卖"策略而另一部分重点排放单位选择"低价挂卖"策略时，配额平均价格适中；当所有重点排放单位都选择"低价挂卖"策略时，配额平均价格最低，因此有 $2W>T+B>2L$。

假设重点排放单位选择"原价挂卖"策略的比例为 x，x 随时间 t 的变化速率为 $f(x)$。根据单同质群体动态演化博弈理论，$f(x)$ 的表达式如下：

$$f(x)=(T+B-W-L)x^3+(W-2T-B+2L)x^2+(T-L)x \quad (5\text{-}39)$$

方程式 $f(x)=0$ 有 3 个解，分别为 $x_1=0$，$x_2=1$，$x_3=(L-T)/(W-T-B+L)$。

情形一：当 $W<B$ 且 $T<L$ 时，该博弈为囚徒困境博弈。x_1 为演化博弈的稳定纳什均衡策略点，x_2 和 x_3 不是演化博弈的稳定纳什均衡策略点。此时政府向市场投放的预留配额较多，市场上的配额供应量远大于需求量。无论其他重点排放单位是选择"原价挂卖"策略还是"低价挂卖"策略，每个重点排放单位选择"原价挂卖"策略的收益都比选择"低价挂卖"策略的收益低，

因此最终所有重点排放单位都将选择"低价挂卖"策略，以较低的价格出售配额，最终导致配额价格大幅下降。此时，生态环境主管部门需要减少向市场投放的预留配额量。

情形二：当 $W<B$ 且 $T>L$ 时，该博弈为鹰鸽博弈。x_3 为演化博弈的稳定纳什均衡策略点，x_1 和 x_2 不是演化博弈的稳定纳什均衡策略点。此时政府向市场投放的预留配额适中，市场上的配额供应量大于需求量。最终将有 $(L-T)/(W-T-B+L)$ 比例的重点排放单位选择"原价挂卖"策略，$(W-B)/(W-T-B+L)$ 比例的重点排放单位选择"低价挂卖"策略，碳排放权交易市场配额平均价格适中。由于 $L<T<W<B$，因此选择"原价挂卖"的重点排放单位为实现群体利益最大化做出了牺牲。这样做可以避免所有重点排放单位都采用"低价挂卖"策略，进而导致整个重点排放单位群体的收益降至最低水平。此时，生态环境主管部门无须调整向市场投放的预留配额量。

情形三：当 $W>B$ 且 $T>L$ 时，x_2 为演化博弈的稳定纳什均衡策略点，x_1 和 x_3 不是演化博弈的稳定纳什均衡策略点。此时政府向市场投放的预留配额较少，市场上的配额供应量略大于需求量。重点排放单位选择"低价挂卖"策略的收益比选择"原价挂卖"策略的收益低，因此最终所有重点排放单位都将选择"原价挂卖"策略。此时以较低的价格尽管能出售更多的配额，但是出售配额的数量依然相差不大，所有重点排放单位都将以较高的价格出售配额。此时，生态环境主管部门需要增加向市场投放的预留配额量。

情形四：当 $W>B$ 且 $T<L$ 时，x_1 和 x_2 都是演化博弈的稳定纳什均衡策略点，x_3 不是演化博弈的稳定纳什均衡策略点。演化博弈的最终稳定纳什均衡策略点是通过 x 的初始值 x^* 判断的。当 $0<x^*<x_3$ 时，x_1 将是最终的稳定纳什均衡策略点，所有重点排放单位都将选择"低价挂卖"策略。当 $x_3<x^*<1$ 时，x_2 将是最终的稳定纳什均衡策略点，所有重点排放单位都将选择"原价挂卖"策略。但在政府调控市场之前，所有重点排放单位都以较高价格出售配额。在政府调控市场之后，由于 $W>B$，没有重点排放单位会选择"低价挂卖"策略。在此情形下，$x^*\equiv1$，因此，x_2 将是最终的稳定纳什均衡策略点，最终所有重点排放单位都将选择"原价挂卖"策略，以较高价格出售配额。此时，生态环境主管部门需要增加向市场投放的预留配额量。

（3）演化博弈结果。

根据前面构建的演化博弈模型，我们设置了4种不同情形，分析了在政府调控市场配额价格的演化博弈中，投放不同预留配额总量时，出售配额的重点排放单位的具体策略动态演进过程,并探索了合理的预留配额投放总量，以验证演化博弈模型分析结果。

① 当 $W<B$ 且 $T<L$ 时，假设当所有重点排放单位都选择"原价挂卖"策略时的收益为 1；当部分重点排放单位选择"低价挂卖"策略时，选择"原价挂卖"策略的重点排放单位的收益为 0.5；当部分重点排放单位选择"原价挂卖"策略时，选择"低价挂卖"策略的重点排放单位收益为 1.2；当所有重点排放单位都选择"低价挂卖"策略时的收益为 0.8。重点排放单位选择"原价挂卖"策略的初始比例为90%。模拟的演化博弈结果如图 5-12 所示。

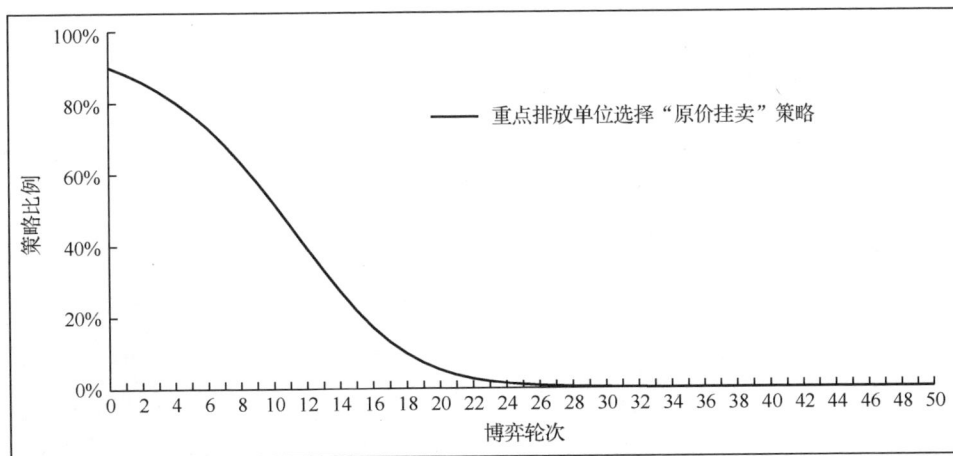

图 5-12　模拟的演化博弈结果（情形一）

根据图 5-12，最终所有的重点排放单位都将采取"低价挂卖"策略，在囚徒困境博弈中，这些单位都将以较低的价格出售配额，碳排放权交易市场配额平均价格大幅下降，所有重点排放单位的收益也都将下降，这一结果验证了前文情形一的演化博弈分析。此时，政府向市场投放过量的预留配额，需要回购一定量的预留配额。

② 当 $W<B$ 且 $T>L$ 时，假设当所有重点排放单位都选择"原价挂卖"策略时的收益为 1；当部分重点排放单位选择"低价挂卖"策略时，选择"原价挂卖"策略的重点排放单位收益为 0.6；当部分重点排放单位选择"原价挂卖"策略时，选择"低价挂卖"策略的重点排放单位收益为 1.2；当所有重点排放单位都选择"低价挂卖"策略时的收益为 0.5。重点排放单位选择"原价挂卖"策略的初始比例为 90%。模拟的演化博弈结果如图 5-13 所示。

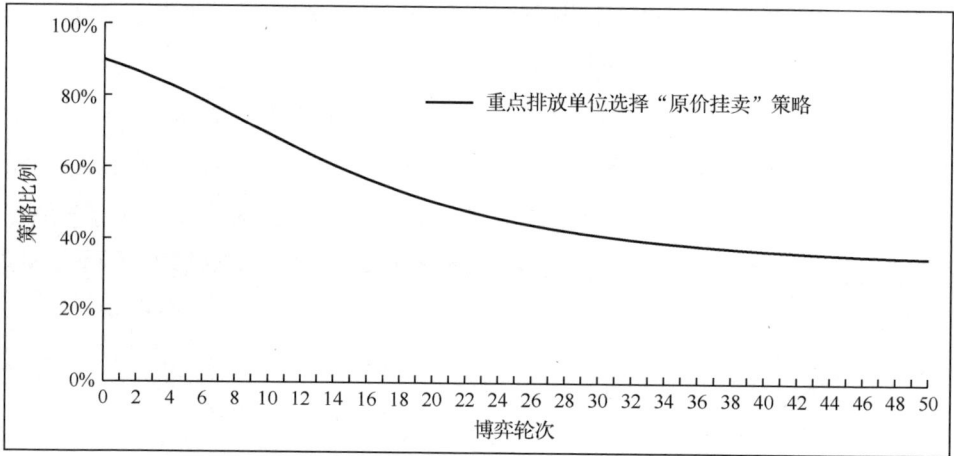

图 5-13　模拟的演化博弈结果（情形二）

根据图 5-13，最终有 1/3 的重点排放单位将采取"原价挂卖"策略，2/3 的重点排放单位将采取"低价挂卖"策略。在鹰鸽博弈中，由于当所有重点排放单位都选择"低价挂卖"策略时，每个主体的收益都最低。为了实现群体利益最大化，将有 1/3 的重点排放单位做出牺牲，以较高的价格出售配额。其他 2/3 的重点排放单位以较低的价格出售更多配额，这一结果验证了前文情形二的演化博弈分析。此时，碳排放权交易市场配额平均价格有所下降，选择"原价挂卖"策略的重点排放单位收益将下降，但比都选择"低价挂卖"策略时的收益高；选择"低价挂卖"策略的重点排放单位收益将升高。此时，政府向市场投放的预留配额在合理范围内，无须对市场调控力度进行调整。

③ 当 $W>B$ 且 $T>L$ 时，假设当所有重点排放单位都选择"原价挂卖"策

略时的收益为 1；当部分重点排放单位选择"低价挂卖"策略时，选择"原价挂卖"策略的重点排放单位收益为 0.6；当部分重点排放单位选择"原价挂卖"策略时，选择"低价挂卖"策略的重点排放单位收益为 0.8；当所有重点排放单位都选择"低价挂卖"策略时的收益为 0.5。重点排放单位选择"原价挂卖"策略的初始比例为90%。模拟的演化博弈结果如图 5-14 所示。

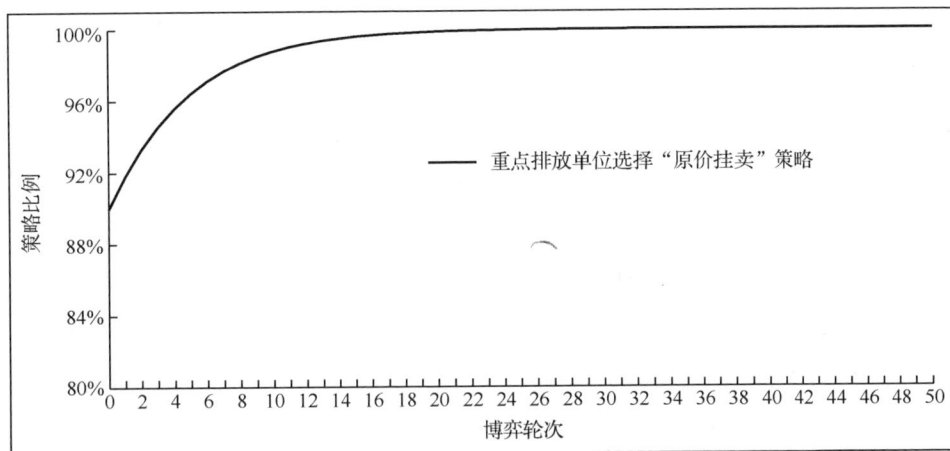

图 5-14　模拟的演化博弈结果（情形三）

根据图 5-14，最终所有的重点排放单位都将采取"原价挂卖"策略，以较高的价格出售配额，碳排放权交易市场配额价格依旧较高，所有重点排放单位的收益保持不变，这一结果验证了前文情形三的演化博弈分析。此时，政府向市场投放的预留配额总量不够，需要进一步加大市场调控力度。

④　当 $W>B$ 且 $T<L$ 时，假设当所有重点排放单位都选择"原价挂卖"策略时的收益为 1；当部分重点排放单位选择"低价挂卖"策略时，选择"原价挂卖"策略的重点排放单位收益为 0.5；当部分重点排放单位选择"原价挂卖"策略时，选择"低价挂卖"策略的重点排放单位收益为0.8；当所有重点排放单位都选择"低价挂卖"策略时的收益为 0.6。重点排放单位选择"原价挂卖"策略的初始比例为 100%。模拟的演化博弈结果如图 5-15 所示。

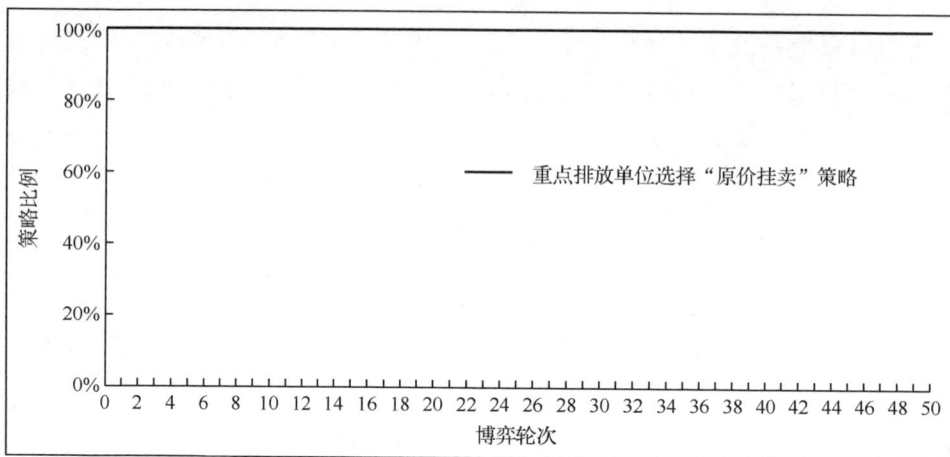

图 5-15　模拟的演化博弈结果（情形四）

根据图 5-15，所有重点排放单位都将一直采取"原价挂卖"策略，以较高的价格出售配额，碳排放权交易市场配额价格较高，所有出售配额企业的收益不变，这一结果验证了前文情形四的演化博弈分析。当重点排放单位都选择"原价挂卖"策略的收益最高时，所有重点排放单位都会选择"原价挂卖"策略，因为初始状态即为最优策略。除非在碳排放权交易市场中出现了大量非理性主体选择了收益更低的"低价挂卖"策略，否则将不会有选择"低价挂卖"策略的重点排放单位出现。

5.4　本章小结

本章简要介绍了一元微分方程和二元非线性微分方程的稳定性理论，并根据稳定性理论探讨了不同情形下，单同质和多同质群体动态演化博弈的稳定纳什均衡状态。基于此，分别研究了碳排放权交易市场规制和调控下政府和企业的行为演化过程以及最终稳定的纳什均衡状态。通过对不同情形演化博弈结果的分析，为生态环境主管部门实施高效的监管规制、制定合理的市场调控措施触发条件以及确定预留配额投放回购总量提供了理论支撑。

在政府对碳排放权交易市场进行规制时，必须对企业虚报或瞒报排放行为施以高额罚款，否则可能会对企业产生逆向激励，导致企业选择违规行为。当对企业虚报瞒报排放的罚款处罚小于企业减排履约成本时，企业将缴纳罚款，以"合法化"其违规行为。此外，还需为生态环境主管部门提供充足的经费用于监督检查企业的排放情况，并对因监管失职未能有效发现企业违规行为的情况施以较高的处罚，以激励主管部门积极履行监管职能。当生态环境主管部门监督检查企业的经费支出、玩忽职守的处罚以及对企业虚报瞒报排放的罚款处罚之和小于监督检查企业产生的执法成本时，生态环境主管部门可能会失去有效监督的动力。在生态环境主管部门监督检查比例保持不变时，需要根据构建的演化博弈模型，测算出"未抽中检查"策略比例的鞍点值。在监督检查比例高于这一鞍点值时，所有企业都将选择"如实报告排放"策略。

在政府调控碳排放权交易市场时，需要对未履约企业实施高额罚款处罚，并确保配额市场价格在合理的价位区间。当企业减排成本大于购买配额成本，且未履约处罚小于扣除出售配额收益后的减排成本时，所有企业都将不会履约，而选择缴纳未履约罚款，以"合法化"其未履约行为，此时生态环境主管部门需要加大未履约处罚力度，并触发市场调控措施，通过回购预留配额来提升市场价格。当减排成本小于购买配额的成本时，配额市场价格过高，所有企业都将通过主动减排的方式履约，从而实现减排目标。但此时企业群体的经济效率较低，生态环境主管部门需要触发市场调控措施，向市场投放预留配额，调低配额的市场价格。当减排成本大于购买配额的成本，且未履约处罚大于扣除出售配额收益后的减排成本时，部分企业会选择主动减排履约，其余企业则选择通过购买配额的方式履约，未履约处罚力度越大，选择"主动减排"策略的企业将越多，同时企业达到稳定策略的速度越快，此时配额市场价格合理，生态环境主管部门无须触发市场调控措施。

在政府启动市场调控措施后，如果向市场投放（或回购）的预留配额过量，市场上的配额供应量将远大于（或小于）需求量，此时形成囚徒困境博弈。所有出售配额的企业都将选择低价（或高价）挂卖配额，导致碳排放权交易市场的配额平均价格大幅下降（或提升），所有出售配额的企业收益也将下降（或提升），此时生态环境主管部门需要减少向市场投放（或回购）的预留配额量。如果向市场投放（或回购）的预留配额量适中，市场上的配额供应量大于（或小于）需求量，此时形成鹰鸽博弈，部分出售配额的企业为了实现群体利益最大化将做出牺牲，选择原价（或高价）挂卖配额，其余出售配额的企业将低价（或原价）挂卖更多配额，以获得更多收益。此时，碳排放权交易市场的配额平均价格会有所下降（或升高），但仍维持在合理的价位区间。生态环境主管部门无须对市场调控力度进行调整。如果向市场投放（或回购）的预留配额量不够，市场上的配额供应量略大于（或低于）需求量，所有出售配额的企业都将原价挂卖配额，碳排放权交易市场配额平均价格保持在较高（或较低）水平，所有出售配额的企业收益保持不变，此时生态环境主管部门需要增加向市场投放（或回购）的预留配额量。

第 六 章

基于主体仿真的碳排放权
交易市场规制与调控研究

演化博弈模型是在完全信息假设的前提下，分析碳排放权交易市场规制与调控过程中，不同主体的行为策略演变。在这种模型中，每个博弈主体都能获取市场上其他博弈主体的博弈收益和策略等信息。然而，现实情况往往不同于这一假设。实际中，不同群体之间以及同质群体内部的博弈主体，往往无法完全获知市场中其他博弈主体的信息，通常只能获取有限的部分信息，这属于不完全信息情形。本章运用 Java 语言通过计算机编程构建了主体仿真模型，分析了在不完全信息情形下，各博弈主体的行为策略演变，政府的不同规制监管策略和市场调控策略，所导致的碳排放权交易市场的不同运行效果及稳定纳什均衡状态。此模型为生态环境主管部门科学制定规制与调控市场的规则提供了实践依据。

6.1 不完全信息情形下的主体仿真模型

6.1.1 不完全信息情形

本书第五章的演化博弈模型基于完全信息假设前提，分析博弈主体的行为策略演变。在该模型中，所有博弈主体都能够获取市场的全部信息。为分析现实情况中博弈主体的行为策略演变，本章在不完全信息假设的前提下，构建了一个新的博弈主体仿真模型。在这个模型中，各博弈主体无法获取市场的全部信息。具体来说，政府只能获取与其交互的企业的信息，无法了解其他企业的具体情况；而企业只能获取同一集团内部其他企业的信息，无法获取政府以及其他竞争集团企业的信息。

在碳排放权交易市场规制演化博弈模型中，生态环境主管部门能获取每一轮博弈中重点排放单位选择"如实报告排放"和"虚报瞒报排放"的策略比例，从而通过自身收益函数测算出不同策略的收益，并在下一轮博弈中调整策略，提升"未抽中检查"或"监督检查"的策略比例。

每个重点排放单位也能获取每一轮博弈中其他重点排放单位选择"如实报告排放"和"虚报瞒报排放"的策略比例，还能获取生态环境主管部门选择"未抽中检查"和"监督检查"的策略比例，从而通过自身收益函数测算出不同策略的收益，并在下一轮博弈中调整策略，重点排放单位群体将提升"如实报告排放"或"虚报瞒报排放"的策略比例。

然而在现实情况中，生态环境主管部门无法获取市场上全部重点排放单位的策略信息，只能根据监督检查的结果，通过被抽中检查重点排放单位的行为策略比例，判断整个市场重点排放单位的行为策略比例，进而通过自身收益函数测算出不同策略的收益，在下一轮博弈中调整策略，最大化策略收益。

同样，重点排放单位也无法获取生态环境主管部门的策略信息。由于不同集团之间存在竞争关系，重点排放单位也无法获取市场上其他集团的策略信息，只能获取隶属于同一集团的重点排放单位被生态环境主管部门监督检查的信息，并根据这一信息判断整个市场中生态环境主管部门监督检查的策略比例，进而通过自身收益函数测算出不同策略的收益，在下一轮博弈中调整策略，最大化策略收益。

在碳排放权交易市场调控措施触发条件演化博弈模型中，每个重点排放单位都能获取每一轮博弈中其他重点排放单位选择"主动减排"和"购买配额"的策略比例，从而通过自身收益函数测算出不同策略的收益，并在下一轮博弈中调整策略。随着博弈的进行，重点排放单位群体将逐步提升"主动减排"或"购买配额"策略的比例。然而，在现实中，不同集团之间存在竞争关系，重点排放单位无法获取市场上其他集团的策略信息，只能获取隶属于同一集团的重点排放单位采取"主动减排"和"购买配额"策略的收益信息，通过比较两种策略的收益大小，在下一轮博弈中调整策略。在同一集团内，收益较小的重点排放单位会学习收益较大的重点排放单位的策略。

在碳排放权交易市场调控的预留配额投放回购总量演化博弈模型中，每个出售配额的重点排放单位都能获取市场上的初始配额需求信息和生态环境主管部门向市场投放回购预留配额总量的信息，从而推算出自身的演化博弈收益矩阵。每个出售配额的重点排放单位还能获取每一轮博弈中其他出售配额的重点排放单位选择"原价挂卖"和"低价挂卖（高价挂卖）"的策略比例，从而通过自身收益函数测算出不同策略的收益，在下一轮博弈中调整策略，出售配额的重点排放单位群体将提升"原价挂卖"或"低价挂卖（高价挂卖）"的策略比例。但是在现实情况中，出售配额的重点排放单位无法获取市场上的初始配额需求信息，仅能获取生态环境主管部门向市场投放回购预留配额总量信息。因为不同集团之间存在竞争关系，因此出售配额的重点排放单位无法获取市场上其他集团中出售配额的重点排放单位的策略信息，只能获取隶属于同一集团的出售配额的重点排放单位采取"原价挂卖"和"低价挂卖（高价挂卖）"策略的收益信息，通过比较两种策略的收益大小，在下一轮博弈中调整策略。在同一集团内，收益较小的出售配额的重点排放单位会学习收益较大的出售配额的重点排放单位的策略。

在演化博弈模型中，各博弈主体在博弈过程中的博弈收益矩阵和收益函数都保持不变。然而在单同质群体动态演化博弈的实际情况中，不同策略的收益是随着博弈主体策略比例的变化而变化的。在市场调控措施触发条件演化博弈模型中，当市场上的配额供应量大于需求量时，选择"主动减排"策略的重点排放单位比例越高，每个主动减排的重点排放单位所能出售的平均配额数量越少，"主动减排"策略的收益也将越小；当市场上的配额供应量小于需求量时，选择"购买配额"策略的重点排放单位比例越高，每个购买配额的重点排放单位所能购买的平均配额数量越少，"购买配额"策略的收益也将越小。在预留配额投放回购总量演化博弈模型中，当选择"低价挂卖（原价挂卖）"策略的出售配额重点排放单位比例增加时，选择"原价挂卖（高价挂卖）"策略的出售配额重点排放单位所占有的市场份额将减少，出售的配额数量也将减少，"原价挂卖（高价挂卖）"策略的收益将减少；当选择"低价挂卖（原价挂卖）"策略的出售配额重点排放单位比例降低时，选择"原价挂卖（高价挂卖）"策略的出售配额重点排放单位所占有的市场份额将增加，出售的配额数量将增加，"原价挂卖（高价挂卖）"策略的收益也将增大。

由此可见，演化博弈模型可用于研究市场博弈主体行为策略演变的一般规律，为政府制定相关政策提供理论依据。主体仿真模型则可以模拟现实情况下市场博弈主体行为策略的演变，并预测不同政策的实施效果。

6.1.2　主体仿真模型理论

系统建模与仿真起源于系统动力学模型研究，该模型考虑了随着时间的推移，相关系统的复杂变化情况，是经济学研究中分析复杂动态模型的常用方法之一。基于主体的系统仿真通过模拟自治主体行为来进行计算建模。主体仿真模型模拟了不同主体间的交互过程，已广泛应用于物理学、生物学、经济学等多个学科领域。在经济学中，主体仿真模型的主体可以是个体消费者、生产企业、政府机构、金融机构或政策制定者等。通过计算机语言建立各主体之间的博弈关系，并输入适当的参数，可以生成模拟结果。Mizuta（2001）开发了主体仿真框架，并将其应用于由异质动态经济主体组成的国际温室气体排放交易动态模型。该框架是一个交互主体的人工社会（Artificial Society with Interacting Agents，ASIA），模型仅提供简单的基本功能。本节在该研究中将国家作为博弈主体，使主体的行为演化相对简单。

主体仿真模型可以简化处理经济系统中复杂的主体交互过程。在模型中，需要设计一系列规则来控制各主体的行为，主体根据自身情况、所处环境和行为规则等因素，在每一轮博弈中选择行动策略。例如，消费者可能出于多种原因决定是否购买某一产品，这一决策可能基于对产品需求的分析、对产品价格走势的预测以及对自身收益的评估等多个因素。这些行为策略并非基于某种总体均衡假设，而是各主体与其他主体直接交互，这种交互将可能改变它们的行为策略。主体仿真中的行为策略更准确地反映了实体经济中发生的行为策略，所有交互主体的行为策略最终构成了整个市场的行为策略。通过主体仿真模型，政策制定者可以测试不同政府行为策略或政策的效果，为政府部门制定有效政策提供实践依据，并尽可能避免由于政策设计的不合理而产生的负面效果。因此，主体仿真模型已成为社会科学领域研究中一个日益重要的工具。

大部分计算机语言和开发环境都能实现主体仿真模型，例如 Pascal、C++、Java、Python 等计算机语言，以及 C++Builder、Swarm、MATLAB、IntelliJ IDEA、NetLogo 等开发工具。在本研究中，我们选用 Java 语言，并在 IntelliJ IDEA 平台下实现主体仿真模型，分析在不完全信息情况下碳排放权交易市场中不同主体行为策略的演变过程，以及各主体最终达到的稳定策略状态。此模型为政府部门科学制定碳排放权交易市场规制和调控规则提供了实践依据。

6.1.3 主体仿真模型设计

1）单同质群体的主体仿真设计

在单同质群体的主体仿真中，首先构建 $m \times n$ 个变量，其中每个变量代表一个主体（所有主体均为同质主体），赋值 0 或 1，分别对应每个主体的策略 i 和策略 j。对所有主体进行编号，设定 n 个主体为一组，总共有 m 组。每个主体只能获取每一轮博弈中同组内其他主体的博弈策略和博弈收益信息，无法获取其他组同质主体的博弈策略和博弈收益信息。接下来，设置博弈总轮次数 K 和每轮博弈中各组学习更优策略的主体数量或比例 D，构建同质群体主体间相互博弈的收益矩阵和收益函数。设定博弈初始轮次数 $k=0$，并初始化博弈收益及不同策略的收益函数。

在首轮博弈中，假定有 p 个主体选择策略 j，这 p 个主体随机分布在各组中。为此，在仿真中随机生成 p 个大于 0 且不小于 1 的小数，将这些随机数与 $m{\times}n$ 相乘并向上取整，就得到 p 个不小于 $m{\times}n$ 的正整数随机数，将这些正整数随机数与同质主体的编号一一对应，正整数随机数所对应的主体编号即为选择策略 j 的主体编号，完成初始策略的随机分配。随后，按照图 6-1 所示步骤进行主体仿真。

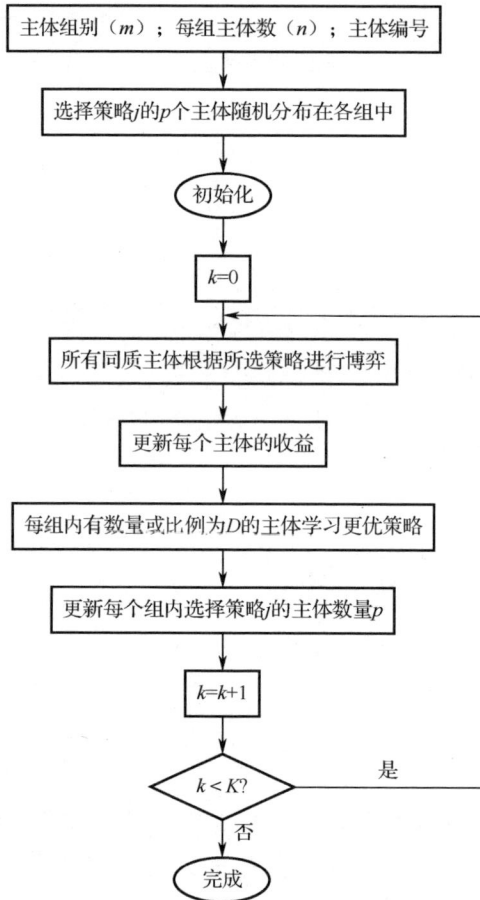

图 6-1　单同质群体的主体仿真步骤

在完成仿真模型的初始化设置和初始策略的随机分配后，进入主体博弈仿真阶段。在每轮博弈中所有主体首先根据各自选择的策略进行博弈，根据不同策略的收益函数以及选择策略的主体比例，更新每个主体在博弈中获得的收益。在每组内主体比较不同策略收益大小后，产生数量或比例为 D 的主体学习更优策略，如果策略 i 是更优策略，则将有数量或比例为 D 的主体赋值从 1 变为 0；如果策略 j 是更优策略，则将有数量或比例为 D 的主体赋值从 0 变为 1。更新每组内选择策略 j 的主体比例和数量，更新博弈轮次（$k=k+1$），并判断 k 是否小于 K。如果为"是"，则博弈轮次未达到设定的博弈总轮次数，博弈继续进行；如果为"否"，则博弈轮次已达到设定的博弈总轮次数，博弈结束。记录博弈轮次 k 以及每轮博弈的结果。

2）多同质群体的主体仿真设计

在多同质群体的主体仿真中，首先构建两个群体，群体 1 构建一个主体，$m \times n$ 个变量，每个变量赋值为 0 或 1，群体 1 主体与群体 2 对应编号的主体进行交互，其中每个变量的赋值（0 或 1）代表群体 1 主体对群体 2 主体采用的交互策略（策略 i 或策略 j），群体 1 主体的每个变量都需要进行编号；群体 2 构建 $m \times n$ 个变量，即同质主体，每个变量赋值为 0 或 1，分别对应群体 2 中每个主体的策略 l 或策略 k。对群体 2 的每个主体进行编号，其中 n 个主体构成一组，总共有 m 组。

群体 1 主体可以获取每一轮博弈中与其策略 j 进行交互的群体 2 主体的博弈策略和博弈收益信息，但无法获取与其策略 i 进行交互的群体 2 主体的博弈策略和博弈收益信息。群体 2 的每个主体可以获取每一轮博弈中群体 1 主体与同组内其他主体的交互策略信息，但无法获取群体 1 主体与其他组同质主体的交互策略信息。

接下来，设置博弈总轮次数 G 和每轮博弈中群体 1 主体学习更优策略的策略数量或比例 D_1 以及群体 2 各组学习更优策略的主体数量或比例 D_2。构建群体 1 主体和群体 2 同质主体间相互博弈的收益矩阵和收益函数，设定博弈初始轮次数 $g=0$，并初始化博弈策略的收益及群体 1 主体和群体 2 同质主体选择不同策略时的收益函数。

在首轮博弈中，群体 1 主体将有 q 个变量被设置为策略 j；群体 2 将有 p 个主体选择策略 k。群体 1 中采用策略 j 的 q 个策略变量与群体 2 主体进行交互，交互过程采用随机分布的方式，p 个主体也将随机分布在群体 2 的各组中。

在仿真中，分别随机生成 q 个和 p 个大于 0 且不小于 1 的小数，将这 q 个和 p 个随机数与 $m×n$ 相乘并向上取整，这样就分别得到 q 个和 p 个不小于 $m×n$ 的正整数随机数。将这 q 个正整数随机数与群体 1 主体的策略变量编号一一对应，将这 p 个正整数随机数与群体 2 同质主体的编号一一对应。其中，q 个正整数随机数是群体 1 主体策略变量为 j 的编号，同时也是群体 2 中被群体 1 主体采用策略 j 进行交互的主体编号。p 个正整数随机数是群体 2 中采用策略 k 主体的编号。至此，完成初始策略的随机分配。随后，按照图 6-2 所示步骤进行主体仿真。

在完成仿真模型的初始化设置和初始策略的随机分配后，进入主体博弈仿真阶段。在每轮博弈中，群体 1 主体和群体 2 所有同质主体根据各自选择的策略进行博弈，根据群体 1 主体和群体 2 主体选择不同策略的收益函数以及获取的交互策略信息，更新群体 1 主体和群体 2 主体在博弈中的收益。

在群体 1 主体和群体 2 每组内主体比较不同策略的收益大小后，在群体 1 主体中产生数量或比例为 D_1 的策略变量学习更优策略，在群体 2 中产生数量或比例为 D_2 的主体学习更优策略。如果策略 i 是更优策略，群体 1 主体将有数量或比例为 D_1 的策略变量赋值从 1 变为 0，如果策略 j 是更优策略，群体 1 主体将有数量或比例为 D_1 的策略变量赋值从 0 变为 1；如果策略 l 是更优策略，将有数量或比例为 D_2 的群体 2 主体赋值从 1 变为 0，如果策略 k 是更优策略，将有数量或比例为 D_2 的群体 2 主体赋值从 0 变为 1。

接着，更新群体 1 主体选择策略 j 的策略变量比例和数量；更新群体 2 每组内选择策略 k 的主体比例和数量。更新博弈轮次，令 $g=g+1$，并判断 g 是否小于 G。如果为"是"，则说明博弈轮次尚未达到设定的博弈总轮次数，博弈继续进行；如果为"否"，则博弈轮次已达到设定的博弈总轮次数，博弈结束。记录博弈轮次 g 以及每轮博弈的结果。

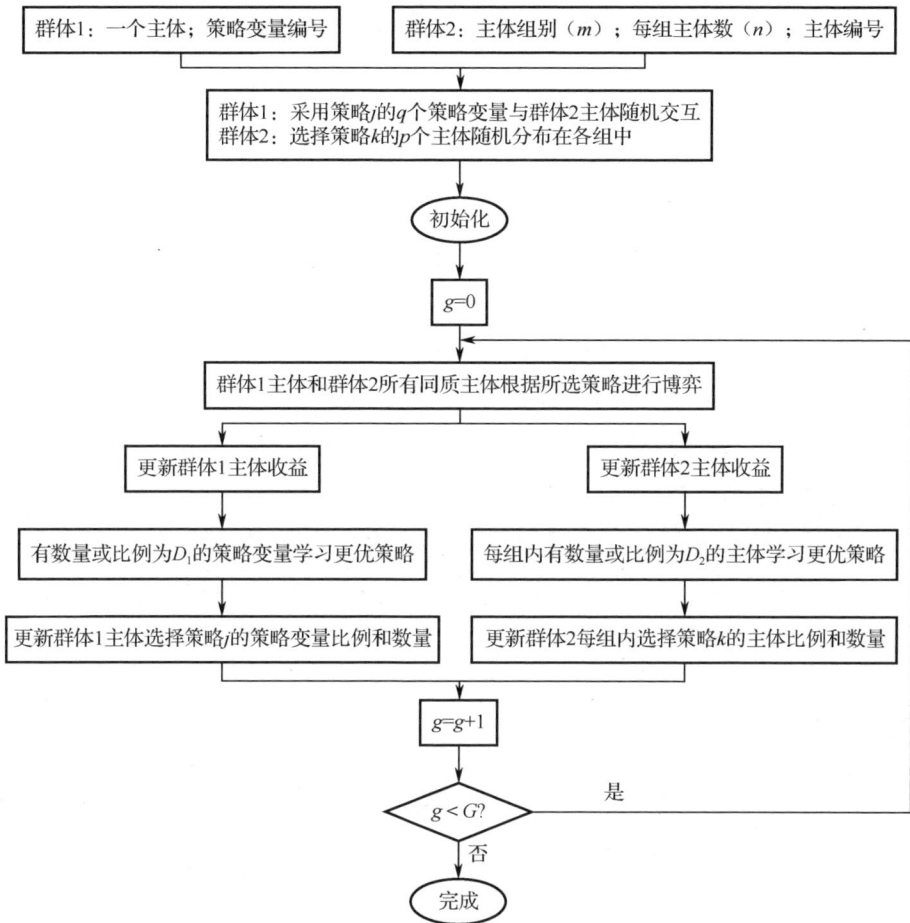

图 6-2 多同质群体的主体仿真步骤

6.2 碳排放权交易市场规制主体仿真分析

6.2.1 主体仿真构建

在政府规制碳排放权交易市场的主体仿真模型中，首先构建一个生态环境主管部门主体以及该主体的 100 个策略变量，分别记作 x_1，x_2，…，x_{100}；其次，构建 100 个重点排放单位主体，并将其分为 5 组，代表 5 个集团（目前全国碳排放权交易市场仅纳入火电行业，5 个集团可视作电力行业中的五大发电集团），每组包含 20 个重点排放单位主体。具体分组如下：

第 1 组重点排放单位主体为 y_1，y_2，$\cdots$，y_{20}；

第 2 组重点排放单位主体为 y_{21}，y_{22}，$\cdots$，y_{40}；

第 3 组重点排放单位主体为 y_{41}，y_{42}，$\cdots$，y_{60}；

第 4 组重点排放单位主体为 y_{61}，y_{62}，$\cdots$，y_{80}；

第 5 组重点排放单位主体为 y_{81}，y_{82}，$\cdots$，y_{100}。

根据本书 5.2.2 节构建的演化博弈模型，生态环境主管部门主体对每个重点排放单位主体都有两种策略选择，即"监督检查"和"未抽中检查"。当生态环境主管部门主体对重点排放单位主体 y_s 采取"监督检查"策略时，记为 $x_s=1$；当生态环境主管部门主体对重点排放单位主体 y_s 采取"未抽中检查"策略时，记为 $x_s=0$。其中，s 为生态环境主管部门主体的策略变量编号及其对应的重点排放单位主体编号。

重点排放单位主体也有两种策略选择，即"如实报告排放"和"虚报瞒报排放"。当重点排放单位主体采取"如实报告排放"策略时，记为 $y_s=0$；当重点排放单位主体采取"虚报瞒报排放"策略时，记为 $y_s=1$。生态环境主管部门主体与重点排放单位主体的仿真博弈收益矩阵与本书 5.2.2 节相同，如表 6-1 所示。

表 6-1　政府监管企业排放仿真博弈收益矩阵

博弈主体		重点排放单位	
		如实报告排放	虚报瞒报排放
生态环境主管部门	未抽中检查	0，E-C	-P，E
	监督检查	G-S，E-C	G+F-S，E-F

表 6-1 中，E、C、P、G、S 和 F 的定义与 5.2.2 节中的定义相同。在每轮博弈中，生态环境主管部门主体对 q 个重点排放单位主体采取"监督检查"策略，对 $100-q$ 个重点排放单位主体采取"未抽中检查"策略。在第一轮博弈中，q 个重点排放单位主体随机分布在 5 个集团组群内，第 r 个集团组群中被生态环境主管部门主体随机抽检的重点排放单位主体数量为 q_r，因此有

$q_1+q_2+q_3+q_4+q_5=q$。在每轮博弈中，市场上有 p 个重点排放单位主体选择"虚报瞒报排放"策略，$100-p$ 个重点排放单位主体选择"如实报告排放"策略，p 个重点排放单位主体随机分布在 5 个集团组群内。在每轮博弈中，生态环境主管部门主体检查出的"虚报瞒报排放"企业数量为 n，因此有 $n \leqslant q$。那么对于第 r 个集团组群中的重点排放单位主体，通过获取的生态环境主管部门主体与同一集团组群中其他重点排放单位主体的交互策略信息，可以得到生态环境主管部门主体的抽检比例为 $q_r/20$。而对于生态环境主管部门主体，通过获取其与所有重点排放单位主体的交互策略信息，可以得到市场上"虚报瞒报排放"的重点排放单位主体比例为 n/q。因此，可以得出生态环境主管部门主体分别选择"未抽中检查"策略和"监督检查"策略时的期望收益，如式（6-1）所示；也可以得出第 r 个集团组群中重点排放单位主体分别选择"如实报告排放"策略和"虚报瞒报排放"策略时的期望收益，如式（6-2）所示。

$$
\begin{cases}
R_0 = 0 \times \dfrac{q-n}{q} + (-P)\dfrac{n}{q} = -\dfrac{Pn}{q} \\
R_1 = (G-S)\dfrac{q-n}{q} + (G+F-S)\dfrac{n}{q} = \dfrac{Gq-Sq+Fn}{q}
\end{cases}
\tag{6-1}
$$

$$
\begin{cases}
R_{r0} = (E-C)\dfrac{(20-q_r)}{20} + (E-C)\dfrac{q_r}{20} = E-C \\
R_{r1} = E\dfrac{(20-q_r)}{20} + (E-F)\dfrac{q_r}{20} = \dfrac{20E-q_rF}{20}
\end{cases}
\tag{6-2}
$$

式中，R_0 为生态环境主管部门主体选择"未抽中检查"策略时的期望收益；R_1 为生态环境主管部门主体选择"监督检查"策略时的期望收益；R_{r0} 为第 r 个集团组群中重点排放单位主体选择"如实报告排放"策略时的期望收益；R_{r1} 为第 r 个集团组群中重点排放单位主体选择"虚报瞒报排放"策略时的期望收益。

在每轮博弈结束后，生态环境主管部门主体将比较 R_0 和 R_1 的大小。若 $R_0 > R_1$，那么在下一轮博弈中生态环境主管部门主体将随机有数量为 D_1 的"监督检查"策略变量变为"未抽中检查"策略变量，即在取值为 1 的 x_s 中，将

随机有数量为 D_1 的 $x_s=1$ 变为 $x_s=0$；若 $R_0<R_1$，那么在下一轮博弈中生态环境主管部门主体将随机有数量为 D_1 的"未抽中检查"策略变量变为"监督检查"策略变量，即在取值为 0 的 x_s 中，将随机有数量为 D_1 的 $x_s=0$ 变为 $x_s=1$；若 $R_0=R_1$，那么在下一轮博弈中，生态环境主管部门主体的所有策略变量均保持不变，即所有 x_s 的值不变，如式（6-3）所示。

$$\begin{cases} R_0 > R_1 : q = q - D_1 \\ R_0 < R_1 : q = q + D_1 \\ R_0 = R_1 : q = q \end{cases} \qquad (6\text{-}3)$$

在每轮博弈结束后，各集团组群中重点排放单位主体将比较 R_{r0} 和 R_{r1} 的大小。若 $R_{r0}>R_{r1}$，那么在下一轮博弈中第 r 个集团组群重点排放单位主体将随机有比例为 D_2 的"虚报瞒报排放"策略主体变为"如实报告排放"策略主体，即在取值为 1 的 y_s 中，将随机有比例为 D_2 的 $y_s=1$ 变为 $y_s=0$；若 $R_{r0}<R_{r1}$，那么在下一轮博弈中，第 r 个集团组群重点排放单位主体将随机有比例为 D_2 的"如实报告排放"策略主体变为"虚报瞒报排放"策略主体，即在取值为 0 的 y_s 中，将随机有比例为 D_2 的 $y_s=0$ 变为 $y_s=1$；若 $R_{r0}=R_{r1}$，那么在下一轮博弈中，第 r 个集团组群重点排放单位主体选择的策略均保持不变，即所有的 y_s 的值不变，如式（6-4）所示。

$$\begin{cases} R_{r0} > R_{r1} : p_r = p_r \cdot (1 - D_2) \\ R_{r0} < R_{r1} : p_r = p_r + (20 - p_r) \cdot D_2 \\ R_{r0} = R_{r0} : p_r = p_r \end{cases} \qquad (6\text{-}4)$$

式中，p_r 为每轮博弈中第 r 个集团组群重点排放单位主体选择"虚报瞒报排放"策略的主体数量，因此有 $p_1+p_2+p_3+p_4+p_5=p$。

在每轮博弈结束后，模型输出博弈轮次数 g、生态环境主管部门主体的"监督检查"策略变量数量 q，以及所有重点排放单位主体中采用"虚报瞒报排放"策略的主体数量 p 等结果。

6.2.2 主体仿真结果

在仿真模型的初始化设置中，设定重点排放单位主体生产经营的收益为

100，减排履约的成本为 50。由于生态环境主管部门主体需要根据随机抽检的结果判断整个市场重点排放单位主体选择"虚报瞒报排放"策略的比例，进而比较"监督检查"策略和"未抽中检查"策略的期望收益。因此生态环境主管部门主体抽检重点排放单位主体的数量不能为零，在模型中设置最低抽检数量为 2，即 $2 \leqslant q \leqslant 100$。在第一轮博弈中，生态环境主管部门主体对 10 个重点排放单位主体采取"监督检查"策略，被抽检的 10 个重点排放单位主体随机分布在 5 个集团组群中；市场上总共有 20 个重点排放单位主体选择"虚报瞒报排放"策略，选择"虚报瞒报排放"策略的 20 个重点排放单位主体随机分布在 5 个集团组群中。当选择"监督检查"策略的收益大于选择"未抽中检查"策略的收益时，生态环境主管部门主体将在下一轮博弈中对重点排放单位主体增加 2 个"监督检查"策略；当选择"监督检查"策略的收益小于选择"未抽中检查"策略的收益时，生态环境主管部门主体将在下一轮博弈中对重点排放单位主体增加 2 个"未抽中检查"策略。在第 r 个集团组群内，当选择"虚报瞒报排放"策略的收益大于选择"如实报告排放"策略的收益时，将有 30%选择"如实报告排放"策略的重点排放单位主体在下一轮博弈中学习收益更高的"虚报瞒报排放"策略；当选择"虚报瞒报排放"策略的收益小于选择"如实报告排放"策略的收益时，将有 30%选择"虚报瞒报排放"策略的重点排放单位主体在下一轮博弈中学习收益更高的"如实报告排放"策略。将博弈总轮次数设为 100。

6.2.1 节构建的主体仿真模型，模拟了在不同监管规制情形下，生态环境主管部门主体和重点排放单位主体的行为策略演变。政府监管企业排放的主体仿真如图 6-3 所示。

（1）假设生态环境主管部门主体因未检查而产生的玩忽职守处罚参数为 80，针对"虚报瞒报排放"的重点排放单位主体的罚款处罚参数为 30，"监督检查"重点排放单位主体的资金支持参数为 30，"监督检查"重点排放单位主体的执法成本参数为 20。根据这些假设条件，模拟的主体仿真结果如图 6-4 所示。

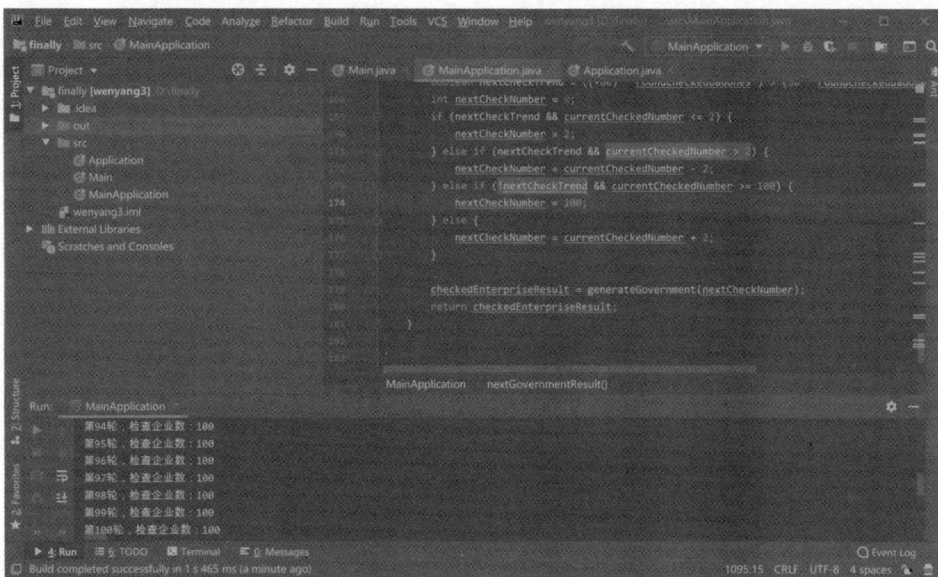

图 6-3　政府监管企业排放的主体仿真

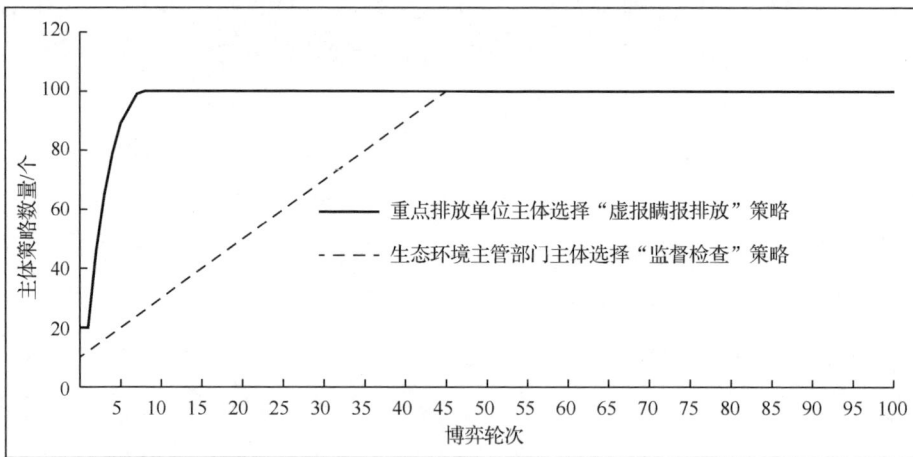

图 6-4　政府监管企业排放主体仿真（情形一）

根据图 6-4，最终生态环境主管部门主体将对所有的重点排放单位主体采取"监督检查"策略，而所有的重点排放单位主体都采取"虚报瞒报排放"策略，验证了 5.2.3 节中情形一的演化博弈结果。在处罚力度小于重点排放单位主体的减排履约成本时，重点排放单位主体将缴纳罚款，"合法化"其违规行为。

（2）假设生态环境主管部门主体因未检查而产生的玩忽职守处罚参数为80，对"虚报瞒报排放"的重点排放单位主体的罚款处罚参数为100，"监督检查"重点排放单位主体的资金支持参数为 30，"监督检查"重点排放单位主体的执法成本参数为20，模拟的主体仿真结果如图6-5所示。

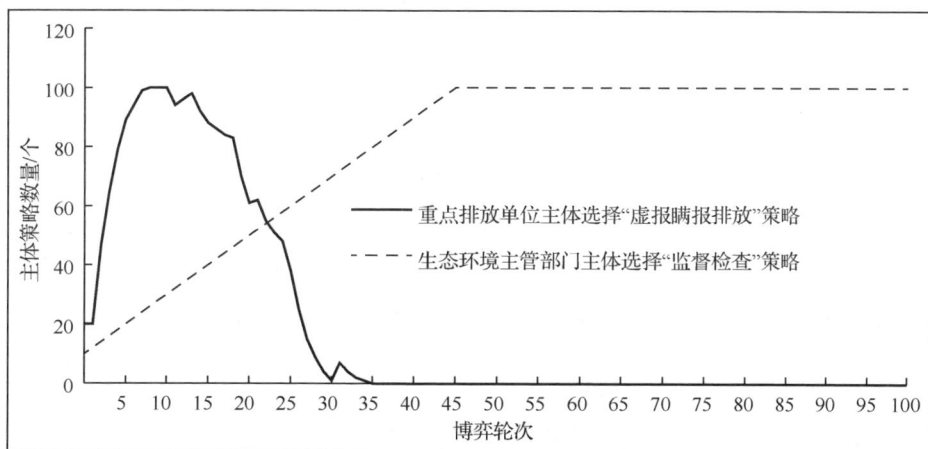

图 6-5　政府监管企业排放主体仿真（情形二）

根据图 6-5，最终生态环境主管部门主体将对所有的重点排放单位主体采取"监督检查"策略，而所有重点排放单位主体都将采取"如实报告排放"策略，验证了 5.2.3 节中情形二的演化博弈结果。在生态环境主管部门主体对超过 80 个重点排放单位主体采取"监督检查"策略时，就已经没有重点排放单位主体采取"虚报瞒报排放"策略。此时，每个集团组群都有重点排放单位主体将被生态环境主管部门主体随机抽检，重点排放单位主体的违规成本较高。上级部门要加强对地方生态环境主管部门主体监督检查的资金支持。

（3）假设生态环境主管部门主体因未检查而产生的玩忽职守处罚参数为20，对"虚报瞒报排放"的重点排放单位主体罚款处罚参数为 50，"监督检查"重点排放单位主体的资金支持参数为 10，"监督检查"重点排放单位主体的执法成本参数为90，模拟的主体仿真结果如图6-6所示。

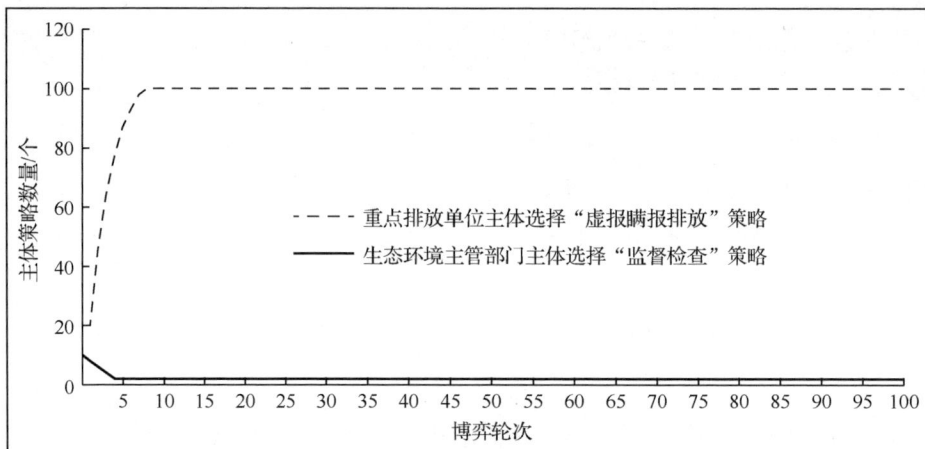

图 6-6　政府监管企业排放主体仿真（情形三）

根据图 6-6，最终生态环境主管部门主体将对几乎所有的重点排放单位主体采取"未抽中检查"策略，仅随机抽取 2 个重点排放单位主体进行"监督检查"，这一数量为设置的最低抽检数量。而所有的重点排放单位主体都采取"虚报瞒报排放"策略，验证了 5.2.3 节情形三的演化博弈结果。当生态环境主管部门主体监督检查的资金支持、玩忽职守的处罚以及对重点排放单位主体违规行为的罚款处罚较低时，生态环境主管部门主体将缺乏足够的激励去执行"监督检查"策略。

（4）假设生态环境主管部门主体因未检查而产生的玩忽职守处罚参数为80，对"虚报瞒报排放"的重点排放单位主体的罚款处罚参数为100，"监督检查"重点排放单位主体的资金支持参数为 20，"监督检查"重点排放单位主体的执法成本参数为 30，模拟的主体仿真结果如图 6-7 所示。

根据图 6-7，与 5.2.3 节情形四的演化博弈结果不同，生态环境主管部门主体对重点排放单位主体监督检查的比例并非在 0%～100% 之间波动，而是在 52%～72% 之间波动；选择"虚报瞒报排放"策略的重点排放单位主体数量也并不是在 0～100 之间波动，而是在 0～25 之间波动。当生态环境主管部门主体的监督检查比例升高时，重点排放单位主体的违规成本增高，虚报瞒报排放的比例随之下降。当重点排放单位主体的违规比例降至非常低时，生态环境主管部门主体的执法成本较高，监督检查比例将降低。当生态环境主管部门主体监督检查比例降至较低水平时，重点排放单位主体的违规收益较高，"虚报瞒报排放"的比例将升高。当重点排放单位主体的违规比例再次升高时，生态环境主管部门主体的执法收益随之增高，"监督检查"比例会随之上升。整体来看，生态环境主管部门主体与重点排放单位主体之间的博弈状态呈现出一种有规律的动态平衡。

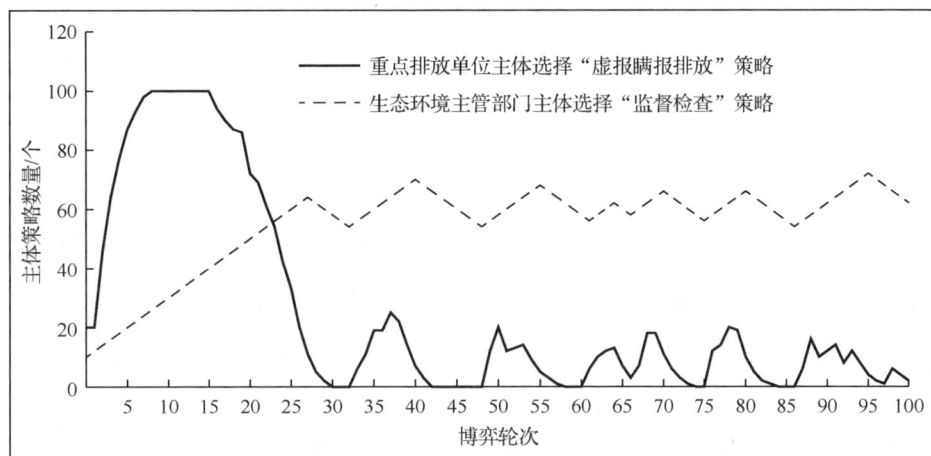

图 6-7 政府监管企业排放主体仿真（情形四）

（5）在生态环境主管部门主体对重点排放单位主体的监督检查比例保持不变时，假设生态环境主管部门主体因未检查而产生的玩忽职守处罚参数为80，对"虚报瞒报排放"的重点排放单位主体罚款处罚参数为100，"监督检查"重点排放单位主体的资金支持参数为 20，"监督检查"重点排放单位主体的执法成本参数为 30。根据 5.2.2 节的分析，此时生态环境主管部门主体"监督检查"重点排放单位主体数量的鞍点值为50。

当生态环境主管部门主体监督检查重点排放单位主体的数量为 20、30 和 40 时，分别对应监督检查的比例低于鞍点值的三种情形，即抽检比例分别为低、中和高，模拟的主体仿真结果如图 6-8 所示。

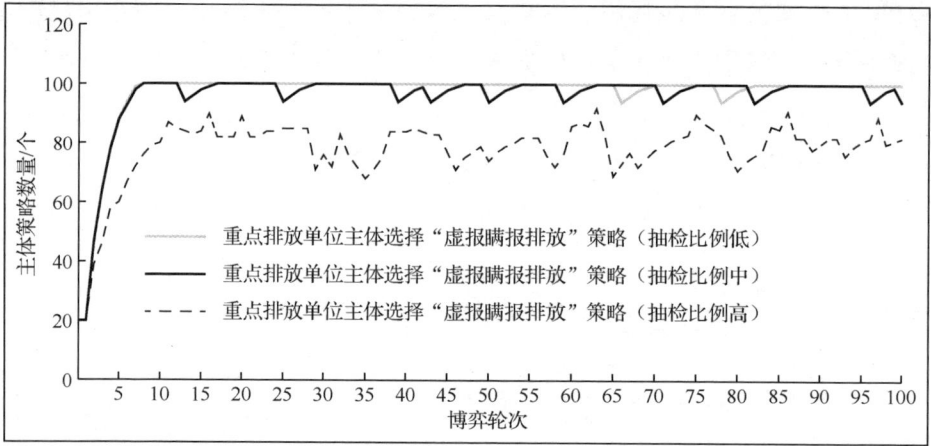

图 6-8　政府监管企业排放主体仿真（情形五：监督检查比例低于鞍点值）

根据图 6-8，在生态环境主管部门主体监督检查重点排放单位主体的数量低于鞍点值时，最终几乎所有重点排放单位主体都选择"虚报瞒报排放"策略，验证了 5.2.3 节中情形五的演化博弈结果。但不同的是，生态环境主管部门主体是随机抽检，假如被抽检的重点排放单位主体集中于某些集团组群，而其他集团组群被抽检的比例较低，被集中抽检的集团组群重点排放单位主体也许会学习"如实报告排放"策略，从而出现重点排放单位主体的策略波动。当生态环境主管部门主体的抽检比例越高时，重点排放单位主体的策略波动越大，选择"虚报瞒报排放"策略的重点排放单位主体将越少。

当生态环境主管部门主体监督检查重点排放单位主体的数量为 60、70 和 80 时，分别对应监督检查比例高于鞍点值时的三种情形，即抽检比例分别为低、中和高。模拟的主体仿真结果如图 6-9 所示。

根据图 6-9，在生态环境主管部门主体监督检查重点排放单位主体的数量高于鞍点值时，几乎所有重点排放单位主体最终都选择了"如实报告排放"策略，这验证了 5.2.3 节中情形五的演化博弈结果。但不同的是，生态环境主管部门主体是随机抽检，假如被抽检的重点排放单位主体集中于某些集团组群，而其他集团组群被抽检比例较低，被抽检比例较低的集团组群重点排放单位主体也许会学习"虚报瞒报排放"策略，从而出现重点排放单位主体的策略波动。具体来说，当生态环境主管部门主体的抽检比例越低时，重点排放单位主体的策略波动越大，选择"如实报告排放"策略的重点排放单位主体数量将越少。

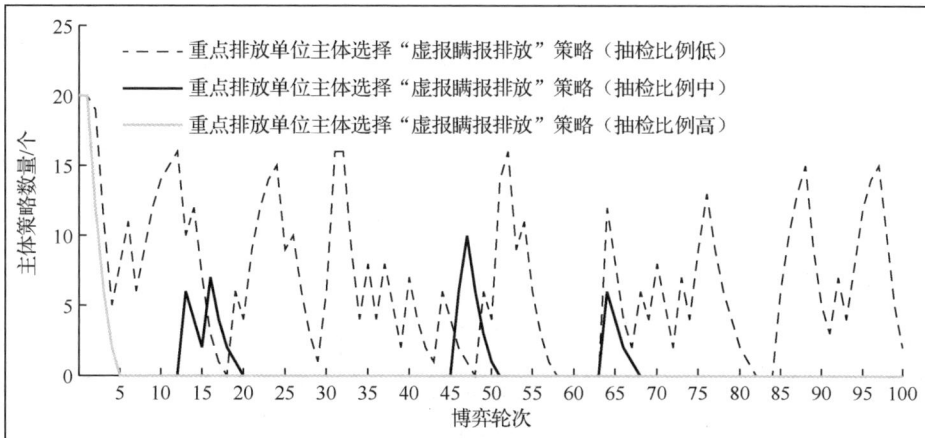

图 6-9　政府监管企业排放主体仿真（情形五：监督检查比例高于鞍点值）

当生态环境主管部门主体监督检查重点排放单位主体的数量为 50 时，所对应的监督检查比例恰好等于鞍点值，此时模拟的主体仿真结果如图 6-10 所示。

图 6-10 所示结果与 5.2.3 节中情形五的演化博弈结果不同，在生态环境主管部门主体监督检查重点排放单位主体的数量等于鞍点值时，重点排放单位主体选择"虚报瞒报排放"策略的数量并非保持不变，而是在 40 上下无规律波动。此时，重点排放单位主体选择"如实报告排放"策略的期望收益为 50，在生态环境主管部门主体监督检查比例为 50% 时，重点排放单位主体选择"虚报瞒报排放"策略的期望收益也为 50。然而，生态环境主管部门主体采取随机抽检的方式，假如某些集团组群被抽检比例高于 50%，那么该集团组群的重点排放单位主体将学习"如实报告排放"策略；相反，对于被抽检比例低于 50% 的集团组群，其中的重点排放单位主体则将学习"虚报瞒报排放"策略。因此，尽管监管力度保持不变，重点排放单位主体的策略会在一定范围内波动，导致选择"虚报瞒报排放"策略的主体数量出现无规律的波动。

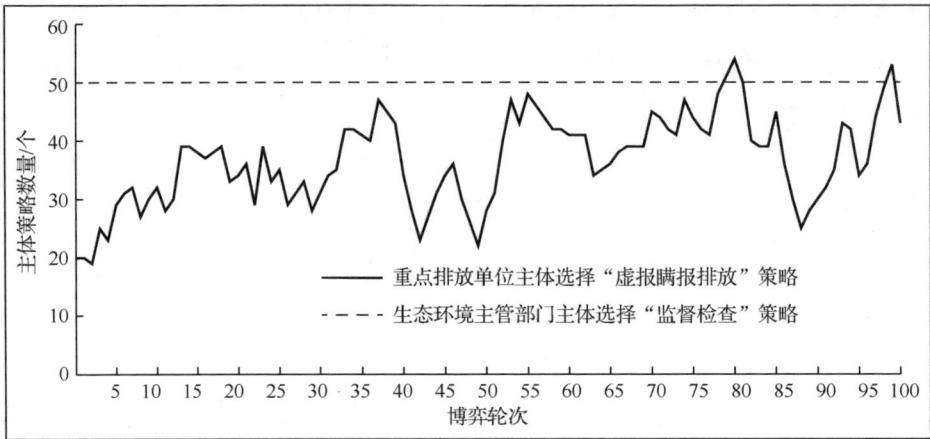

图 6-10　政府监管企业排放主体仿真（情形五：监督检查比例等于鞍点值）

在政府规制碳排放权交易市场时，可依据本节构建的主体仿真模型对实际情况进行模拟，从而科学制定监督检查的资金支持、玩忽职守的处罚、对违规企业的罚款处罚以及随机抽检比例等规制市场的规则，以实现碳排放权交易市场的有效规制。

6.3　碳排放权交易市场调控主体仿真分析

6.3.1　市场调控措施触发条件

1）主体仿真构建

在市场调控措施触发条件的主体仿真模型中，首先构建 100 个重点排放单位主体，并将其分为 5 组，代表 5 个集团，每组包含 20 个重点排放单位主体。具体分组情况如下：

第 1 组重点排放单位主体为 x_1，x_2，…，x_{20}；

第 2 组重点排放单位主体为 x_{21}，x_{22}，…，x_{40}；

第 3 组重点排放单位主体为 x_{41}，x_{42}，…，x_{60}；

第 4 组重点排放单位主体为 x_{61}，x_{62}，…，x_{80}；

第 5 组重点排放单位主体为 x_{81}，x_{82}，…，x_{100}。

如 5.3.1 节构建的演化博弈模型所示，重点排放单位主体有两种策略，即"主动减排"策略和"购买配额"策略。当重点排放单位主体采取"购买配额"策略时，记作 $x_s=0$；当重点排放单位主体采取"主动减排"策略时，记作 $x_s=1$。其中，s 为重点排放单位主体的编号。重点排放单位主体之间的仿真博弈收益矩阵与 5.3.1 节相似，如表 6-2 所示。

表 6-2　碳排放权交易市场中企业的仿真博弈收益矩阵

博弈主体		重点排放单位	
		主动减排	购买配额
重点排放单位	主动减排	$-R$，$-R$	M_2-R，$-M_1$
	购买配额	$-M_1$，M_2-R	$-Q$，$-Q$

其中，R 为重点排放单位主体的减排成本，M_1 为购买盈余配额且支付未履约处罚的成本，M_2 为出售盈余配额而产生的收益，Q 为所有重点排放单位主体都未完成履约而受到的处罚。假设生态环境主管部门主体给每个重点排放单位主体初始分配的配额数量为 a，每个重点排放单位主体的 CO_2 排放量为 b，因此每个重点排放单位主体为完成履约需要购买的配额量或实现的减排量为 $b-a$，市场上所有重点排放单位主体总共需要完成的减排量为 $100(b-a)$。在采取"主动减排"策略时，重点排放单位主体可以实现的 CO_2 减排量为 c，可以出售的盈余配额量为 $c-b+a$，因此有 $c>b-a$。碳排放权交易市场配额的平均价格为 d，对未完成履约的重点排放单位主体超过限额的排放量，每单位排放量处以的罚款处罚为 e。

在每轮博弈中，市场上有 p 个重点排放单位主体选择"主动减排"策略，$100-p$ 个重点排放单位主体选择"购买配额"策略。第一轮博弈的 p 个重点排放单位主体随机分布在 5 个集团组群内。

在所有重点排放单位主体都选择"购买配额"策略时，即 $p=0$ 时，每个重点排放单位主体的收益为 $-Q=-(b-a)e$。

在部分重点排放单位主体选择"主动减排"策略，而另一部分重点排放单位主体选择"购买配额"策略时，即 $0<p<100$ 时。若 $(c-b+a)p \geq (b-a)(100-p)$，则市场上的配额供应量不小于需求量，选择"主动减排"策略的 p 个重点排放单位主体总共可以出售 $(b-a)(100-p)$ 个盈余配额，每个选择"主动减排"策略的重点排放单位主体平均可以出售 $(b-a)(100-p)/p$ 个盈余配额，因此 $M_2=(b-a)(100-p)d/p$；选择"购买配额"策略的 $100-p$ 个重点排放单位主体总共可以购买 $(b-a)(100-p)$ 个配额，每个选择"购买配额"策略的重点排放单位主体可以购买 $b-a$ 个配额，因此 $M_1=(b-a)d$。若 $(c-b+a)p<(b-a)(100-p)$，则市场上的配额供应量小于需求量，选择"主动减排"策略的 p 个重点排放单位主体总共可以出售 $(c-b+a)p$ 个盈余配额，每个选择"主动减排"策略的重点排放单位主体可以出售所有的 $c-b+a$ 个盈余配额，因此 $M_2=(c-b+a)d$；选择"购买配额"策略的 $100-p$ 个重点排放单位主体总共可以购买 $(c-b+a)p$ 个配额，超过限额排放量 $[(b-a)(100-p)-(c-b+a)p]=100b-100a-cp$，总共将缴纳 $(100b-100a-cp)e$ 的罚款，每个选择"购买配额"策略的的重点排放单位主体平均可以购买 $(c-b+a)p/(100-p)$ 个配额，平均超过限额排放量 $(100b-100a-cp)/(100-p)$，平均将缴纳罚款 $(100b-100a-cp)e/(100-p)$，因此 $M_1=[(c-b+a)pd+(100b-100a-cp)e]/(100-p)$。

在所有重点排放单位主体都选择"主动减排"策略时，即 $p=100$ 时，每个重点排放单位主体的收益为 $-R$。

对于第 r 个集团组群中的重点排放单位主体，通过获取同一集团组群中其他重点排放单位主体的博弈策略和博弈收益信息，可以得到市场上重点排放单位主体分别选择"购买配额"策略和"主动减排"策略时的收益。

在每轮博弈结束后，若市场中存在部分选择"主动减排"策略的重点排放单位主体，以及另一部分选择"购买配额"策略的重点排放单位主体，即 $0<p<100$，则各集团组群中重点排放单位主体将比较 M_1 和 $R-M_2$ 的大小。

若 $R-M_2>M_1$，则在下一轮博弈中，第 r 个集团组群重点排放单位主体将随机以比例 D 将部分"主动减排"策略主体转换为"购买配额"策略主体，即在取值为 1 的 x_s 中，将随机有比例为 D 的 $x_s=1$ 变为 $x_s=0$。

若 $R-M_2 < M_1$，则在下一轮博弈中，第 r 个集团组群重点排放单位主体将随机以比例 D 将部分"购买配额"策略主体转换为"主动减排"策略主体，即在取值为 0 的 x_s 中，将随机有比例为 D 的 $x_s=0$ 变为 $x_s=1$，

若 $R-M_2 = M_1$，则在下一轮博弈中第 r 个集团组群重点排放单位主体选择的策略均保持不变，即所有的 x_s 值保持不变，如式（6-5）所示。

$$\begin{cases} R-M_2 > M_1 : p_r = p_r(1-D) \\ R-M_2 < M_1 : p_r = p_r + (20-p_r)D \\ R-M_2 = M_1 : p_r = p_r \end{cases} \qquad (6\text{-}5)$$

式中，p_r 为每轮博弈中第 r 个集团组群重点排放单位主体选择"主动减排"策略的主体数量，因此有 $p_1+p_2+p_3+p_4+p_5=p$。

在每轮博弈结束后，模型输出博弈轮次数 k、所有重点排放单位主体中采用"主动减排"策略的主体数量 p 以及未出售的盈余配额总量 $cp+100a-100b$（当该值为负数时，其绝对值即为超过限额的排放总量）等结果。

2）主体仿真结果

在仿真模型的初始化设置中，设定重点排放单位主体的减排成本为 120 元，生态环境主管部门为每个重点排放单位主体初始分配 98 个配额，每个重点排放单位主体的 CO_2 排放量为 100 吨，因此每个重点排放单位主体为完成履约需要购买 2 吨配额或实现 2 吨减排。在采取"主动减排"策略时，重点排放单位主体可以实现 6 吨 CO_2 减排，并产生 4 吨盈余配额可出售。

只有当每个集团组群内同时存在选择"购买配额"策略和"主动减排"策略的重点排放单位主体时，重点排放单位主体才能通过比较"购买配额"策略和"主动减排"策略的收益大小而做出策略调整。因此，在每个集团组群中至少存在 1 个重点排放单位主体选择"购买配额"策略，也至少存在 1 个重点排放单位主体选择"主动减排"策略，该重点排放单位主体即为所在集团组群中的策略试验主体。

在第一轮博弈中，市场上共有 80 个重点排放单位主体选择"主动减排"

策略，20 个重点排放单位主体选择"购买配额"策略，选择"主动减排"策略的 80 个重点排放单位主体随机分布在 5 个集团组群中。在第 r 个集团组群内，当选择"购买配额"策略的收益大于选择"主动减排"策略的收益时，将有 30%选择"主动减排"策略的重点排放单位主体在下一轮博弈中转向收益更高的"购买配额"策略；反之，当选择"购买配额"策略的收益小于选择"主动减排"策略的收益时，将有 30%选择"购买配额"策略的重点排放单位主体在下一轮博弈中转向收益更高的"主动减排"策略。博弈总轮次数设为 100。

根据前面构建的主体仿真模型，模拟不同配额价格情形下，重点排放单位主体的行为策略演变。市场调控措施触发条件的主体仿真如图 6-11 所示。

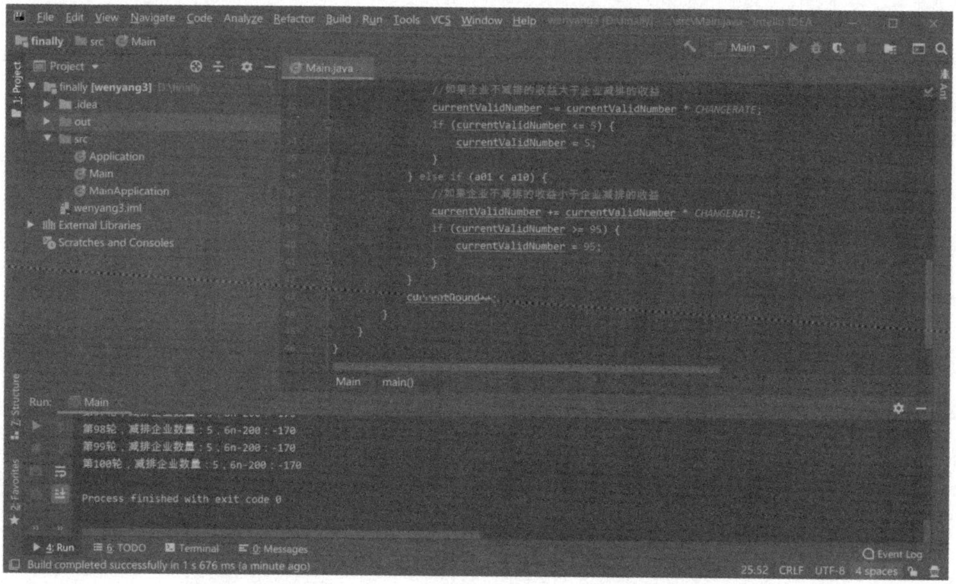

图 6-11　市场调控措施触发条件的主体仿真

（1）在市场配额的平均价格为 10 元/吨时，配额的平均价格较低，甚至低于重点排放单位主体选择"主动减排"策略时单位减排量的减排成本。此时，若对未完成履约的重点排放单位主体超过限额的每单位排放量处以 10 元和 20 元罚款处罚，处罚力度较小，模拟结果显示，主体的仿真行为未发生显著变化，如图 6-12 所示。

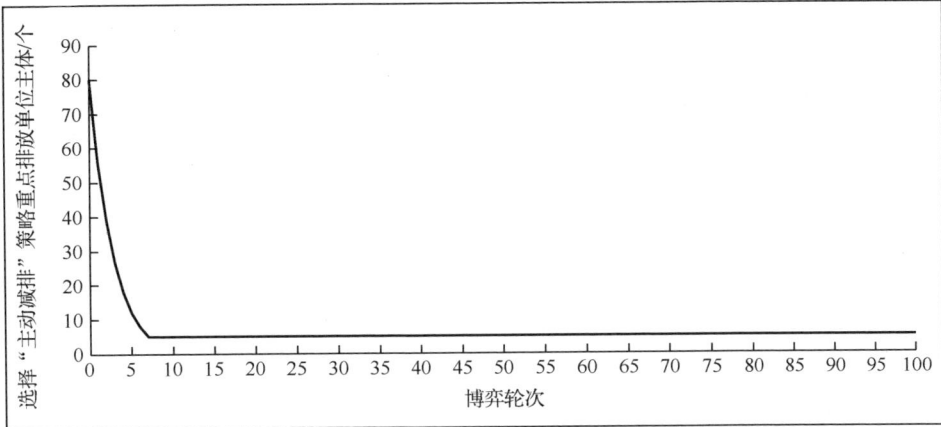

（a）

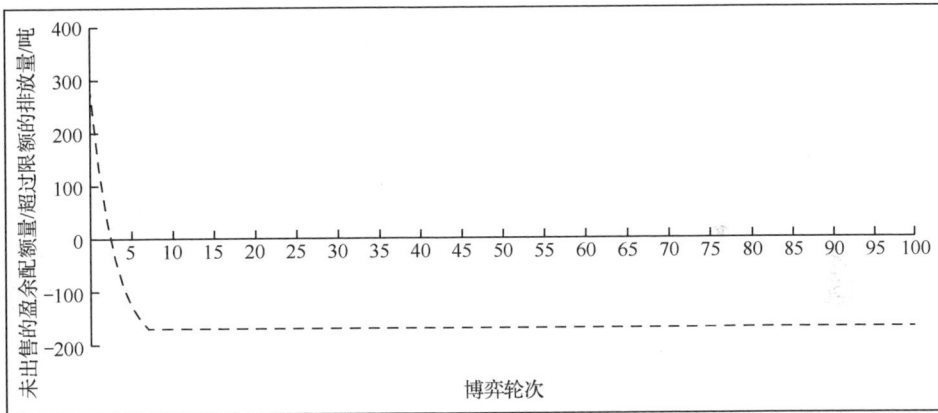

（b）

图 6-12　市场配额价格较低时企业主体仿真（未履约处罚力度较小情形）

　　根据图 6-12，最终几乎所有的重点排放单位主体都将选择"购买配额"策略，市场上仅有 5 个重点排放单位主体选择"主动减排"策略，即 5 个集团组群中的策略试验主体，市场上超过限额的排放量非常高。由于配额的平均价格较低，减排成本相对较高，出售盈余配额而产生的收益较小，因此在市场上的配额供应量不小于需求量时，重点排放单位主体将采取"购买配额"策略，通过购买配额完成履约。对未履约重点排放单位主体的处罚力度较小，当市场上的配额供应量小于需求量时，所有重点排放单位主

体都将选择"购买配额"策略，并通过缴纳未履约处罚来"合法化"其未
履约行为。

当对未完成履约的重点排放单位主体超过限额的每单位排放量处以100
元罚款处罚时，此时对未履约重点排放单位主体的处罚力度较大，模拟的主
体仿真结果如图6-13所示。

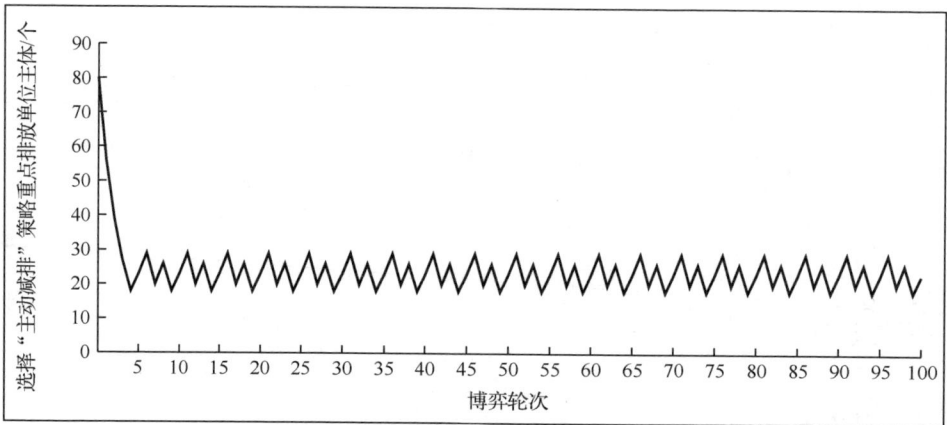

（a）

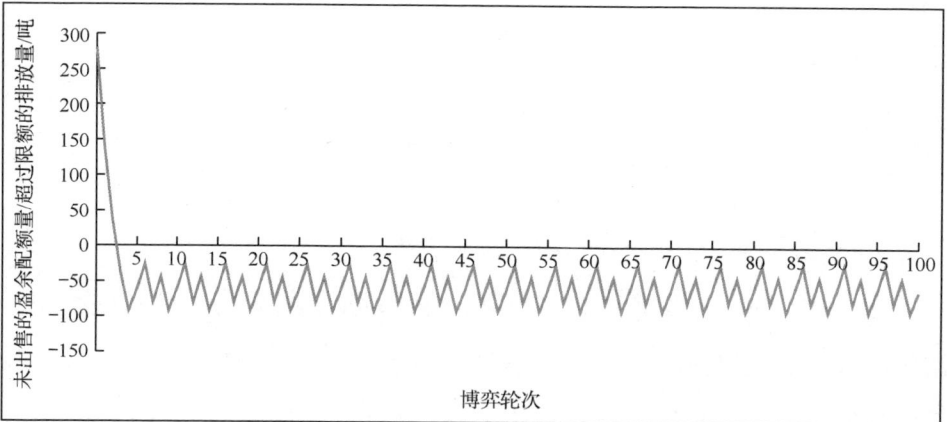

（b）

图6-13　市场配额价格较低时企业主体仿真（未履约处罚力度较大情形）

根据图 6-13，最终选择"主动减排"策略的重点排放单位主体数量在 18～29 之间波动，市场上超过限额的排放量较多。由于配额的平均价格依旧较低，当市场上的配额供应量不小于需求量时，重点排放单位主体将采取"购买配额"策略，通过购买配额完成履约。对未履约重点排放单位主体的处罚力度较大，当市场上的配额供应量远小于需求量时，选择"购买配额"策略的重点排放单位主体相对较多，每个选择"购买配额"策略的重点排放单位主体超过限额的排放量相对较多，未履约的罚款处罚与购买配额的成本之和高于除去出售配额收益后的减排成本，重点排放单位主体将采取"主动减排"策略。当市场上的配额供应量略小于需求量时，选择"购买配额"策略的重点排放单位主体相对较少，每个选择"购买配额"策略的重点排放单位主体超过限额的排放量相对较少，未履约的罚款处罚与购买配额的成本之和低于除去出售配额收益后的减排成本，因此重点排放单位主体将继续选择"购买配额"策略，通过缴纳未履约处罚来"合法化"其未履约行为。

当对未完成履约的重点排放单位主体超过限额的每单位排放量处以 400元和 500 元罚款处罚时，此时对未履约重点排放单位主体的处罚力度非常大，模拟的主体仿真结果相同，如图 6-14 所示。

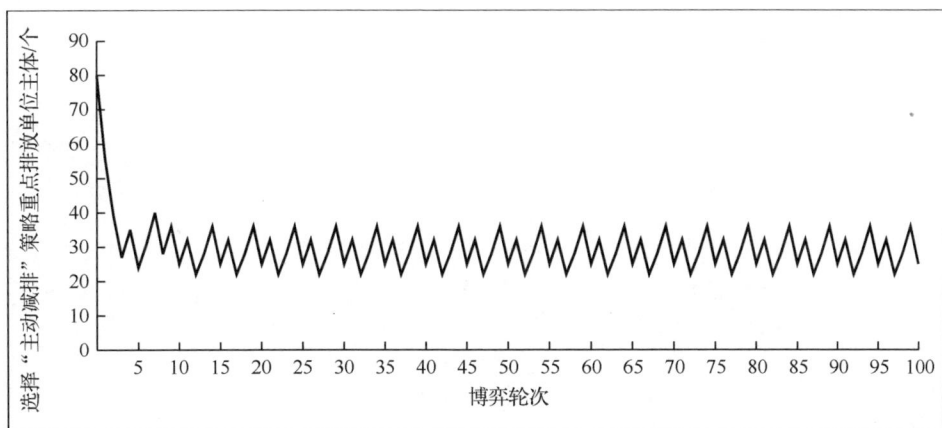

(a)

图 6-14　市场配额价格较低时企业主体仿真（未履约处罚力度非常大情形）

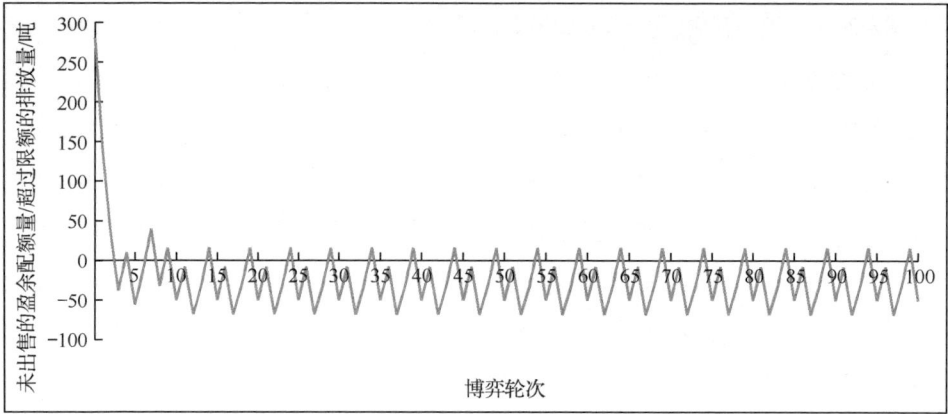

(b)

图 6-14　市场配额价格较低时企业主体仿真（未履约处罚力度非常大情形）（续）

根据图 6-14，最终选择"主动减排"策略的重点排放单位主体数量在 22～36 之间波动，市场仍有部分超过限额的排放量，当有 36 个重点排放单位主体选择"主动减排"策略时，市场未出售的盈余配额量较少。对未履约重点排放单位主体的处罚力度非常大，当市场上的配额供应量小于需求量时，重点排放单位主体选择"购买配额"策略而承担的未履约罚款处罚非常高，重点排放单位主体将采取"主动减排"策略。然而即使未履约处罚力度再大，由于配额的平均价格依旧较低，因此当市场上的配额供应量不小于需求量时，重点排放单位主体将采取"购买配额"策略。

此时配额价格较低，碳排放权交易市场无法完成温室气体减排目标，重点排放单位主体减排量较少，市场超过限额的排放量较大，政府需要触发市场调控措施，向市场回购预留配额，以提升配额市场价格。

（2）当市场配额的平均价格为 25 元/吨时，配额的平均价格适中，略高于重点排放单位主体选择"主动减排"策略时单位减排量的减排成本。

当对未完成履约的重点排放单位主体超过限额的每单位排放量处以 20 元、50 元和 100 元罚款处罚时，分别对应对未履约重点排放单位主体的处罚力度较小、适中和较大三种情形，模拟的主体仿真结果相同，如图 6-15 所示。

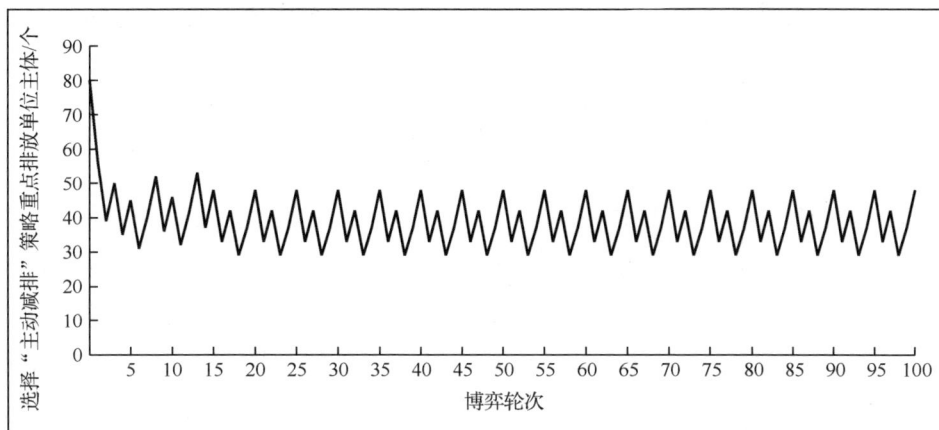

（a）

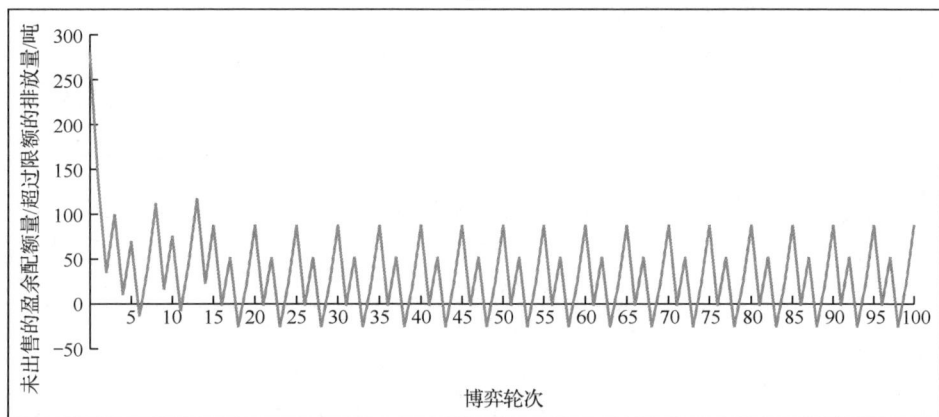

（b）

图 6-15 市场配额价格适中时企业主体仿真

根据图 6-15，最终选择"主动减排"策略的重点排放单位主体数量在 29～48 之间波动，市场未出售的盈余配额量较多，在有 29 个或 33 个重点排放单位主体选择"主动减排"策略时，市场超过限额的排放量非常少。由于配额的平均价格处于适中水平，因此当市场上的配额供应量小于需求量时，选择"主动减排"策略的重点排放单位主体可以出售所有盈余配额，即使对未履约重点排放单位主体的处罚力度较小，除去出售配额收益后的减排成本依旧低于未履约的罚款处罚与购买配额的成本之和，重点排放单位主体将采取"主动减排"策略。当市场上的配额供应量略大于需求量时，选择"主动减排"策略的重点排放单位主体能出售大部分盈余配额，出售配额的收益依旧较高，购买配额的成本高于扣除出售配额收益后的减排成本，重点排放单位主体将采取"主动减排"策略。然而当市场上的配额供应量远大于需求量时，选择"主动减排"策略的重点排放单位主体只能出售部分盈余配额，出售配额的收益较低，除去出售配额收益后的减排成本高于购买配额的成本，重点排放单位主体将采取"购买配额"策略，通过购买配额完成履约。

此时配额价格适中，碳排放权交易市场能够高效完成温室气体减排目标，重点排放单位能够完成履约，政府无须触发市场调控措施。

（3）当市场配额的平均价格为 40 元/吨时，配额的平均价格较高，高于重点排放单位主体选择"主动减排"策略时单位减排量的减排成本。

当对未完成履约的重点排放单位主体超过限额的每单位排放量处以 20元、100 元和 300 元罚款处罚时，分别对应对未履约重点排放单位主体的处罚力度较小、适中和较大三种情形，模拟的主体仿真结果相同，如图 6-16所示。

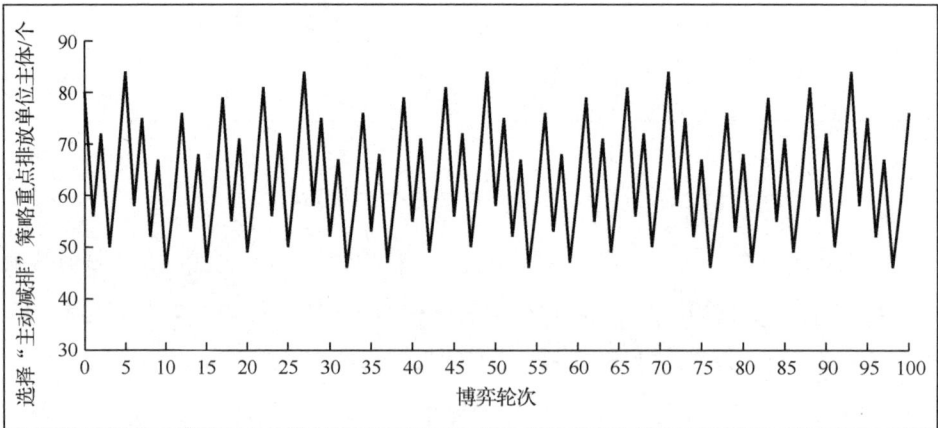

（a）

图 6-16　市场配额价格较高时企业主体仿真

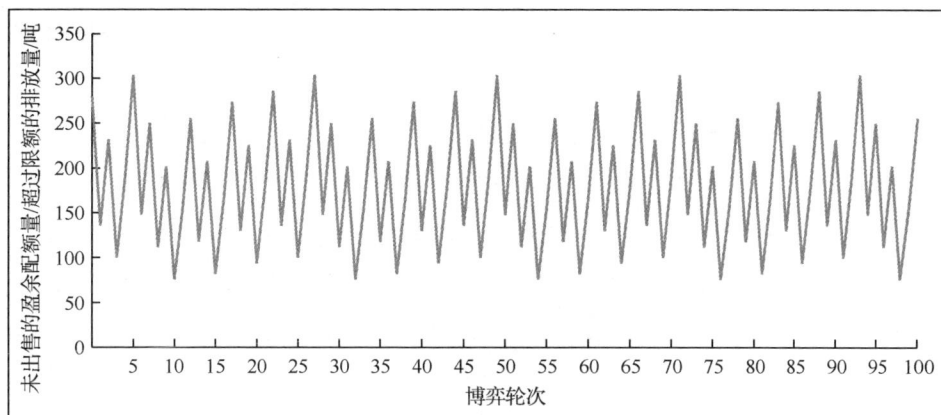

（b）

图 6-16　市场配额价格较高时企业主体仿真（续）

根据图 6-16，最终选择"主动减排"策略的重点排放单位主体数量在 66 个左右有规律地波动，市场未出售的盈余配额量非常多。由于配额的平均价格较高，当市场上的配额供应量小于需求量时，选择"主动减排"策略的重点排放单位主体可以出售所有盈余配额，且出售盈余配额的收益大于减排成本，而选择"购买配额"策略的重点排放单位主体需要支付购买配额成本和未履约罚款。因此，无论对未履约的重点排放单位主体采取何种处罚，重点排放单位主体都将采用"主动减排"策略。

当市场上的配额供应量不小于需求量时，若选择"主动减排"策略的重点排放单位主体数量不超过 66 个，每个选择"主动减排"策略的重点排放单位主体能够出售较多配额，获得较高的收益，购买配额的成本高于除去出售配额收益后的减排成本。在这种情况下，重点排放单位主体将采取"主动减排"策略；反之，当选择"主动减排"策略的重点排放单位主体数量超过 66 个时，每个选择"主动减排"策略的重点排放单位主体出售的配额量较少，出售配额的收益较低，除去出售配额收益后的减排成本高于购买配额的成本，重点排放单位主体将采取"购买配额"策略，通过购买配额完成履约。

此时，尽管配额价格较高，碳排放权交易市场能够超额完成温室气体减排目标，但重点排放单位主体减排的经济效率较低，且市场上未出售的盈余配额量较多，政府需要触发市场调控措施，向市场投放预留配额，以调低配额市场价格。

（4）当市场配额的平均价格为 60 元/吨时，配额的平均价格非常高，远高于重点排放单位主体选择"主动减排"策略时单位减排量的减排成本。

当对未完成履约的重点排放单位主体超过限额的每单位排放量处以 20元、150 元和 500 元罚款处罚时，分别对应对未履约重点排放单位主体的处罚力度较小、适中和较大三种情形，模拟的主体仿真结果相同，如图 6-17所示。

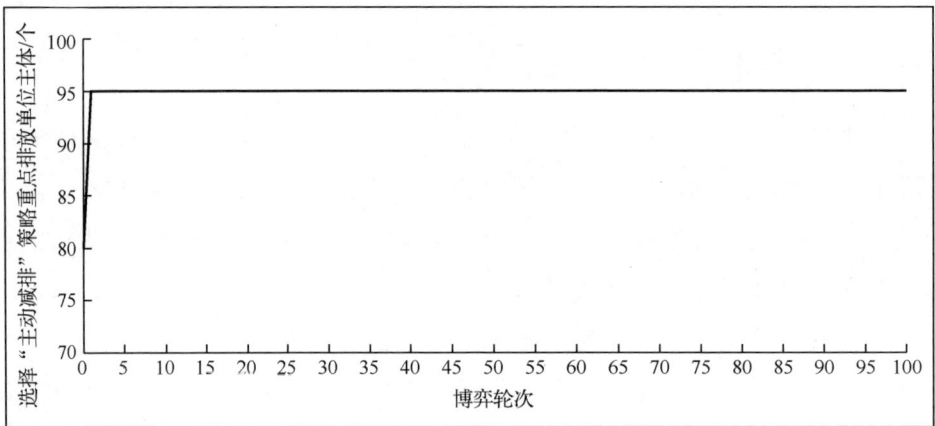

（a）

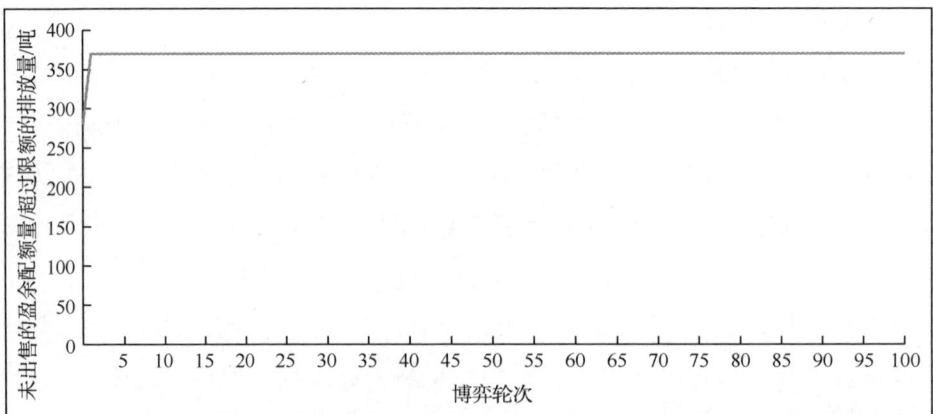

（b）

图 6-17　市场配额价格非常高时企业主体仿真

根据图 6-17，最终几乎所有的重点排放单位主体都将选择"主动减排"策略，市场上仅有 5 个重点排放单位主体选择"购买配额"策略，即 5 个集团组群中的策略试验主体，市场仅出售 10 个盈余配额，几乎所有盈余配额都未能出售。由于配额的平均价格非常高，当市场上的配额供应量小于需求量时，与配额平均价格较高情形相似，出售盈余配额的收益大于减排成本。因此，无论对未履约重点排放单位主体采取何种处罚，重点排放单位主体都将采用"主动减排"策略。当市场上的配额供应量不小于需求量时，出售配额的收益较高，购买配额的成本等于减排成本，但是减排后可以获得 4 个盈余配额，重点排放单位主体将采取"主动减排"策略。与配额平均价格较高情形相似，政府需要采取市场调控措施，向市场投放预留配额，以调低配额市场价格。

在政府调控碳排放权交易市场时，可依据本节构建的主体仿真模型对现实情况进行模拟，从而科学制定配额价格触发点，当配额价格不在合理的价位区间时，启动市场调控措施，向市场投放回购预留配额，确保配额价格回归合理价位，推动碳排放权交易市场的高效减排。

6.3.2 预留配额投放回购总量

1）主体仿真构建

在预留配额投放回购总量的主体仿真模型中，首先构建 50 个出售配额重点排放单位主体，并将其分为 5 组，代表 5 个集团，每组包含 10 个出售配额重点排放单位主体。具体分组如下：

第 1 组出售配额重点排放单位主体为 x_1, x_2, $\cdots$, x_{10}；
第 2 组出售配额重点排放单位主体为 x_{11}, x_{12}, $\cdots$, x_{20}；
第 3 组出售配额重点排放单位主体为 x_{21}, x_{22}, $\cdots$, x_{30}；
第 4 组出售配额重点排放单位主体为 x_{31}, x_{32}, $\cdots$, x_{40}；
第 5 组出售配额重点排放单位主体为 x_{41}, x_{42}, $\cdots$, x_{50}。
根据 5.3.2 节中构建的演化博弈模型，出售配额重点排放单位主体有两种策略选择，即"原价挂卖"和"低价挂卖"。当出售配额重点排放单位主体选择"原价挂卖"策略时，记作 $x_s=0$；当出售配额重点排放单位主体选择"低价挂卖"策略时，记作 $x_s=1$。其中，s 为出售配额重点排放单位主体的编号。出售配额重点排放单位主体之间的仿真博弈收益矩阵与 5.3.2 节中的描述相同，如表 6-3 所示。

表 6-3　政府调控下出售配额企业的仿真博弈收益矩阵

博弈主体		出售配额的重点排放单位	
		原价挂卖	低价挂卖
出售配额的重点排放单位	原价挂卖	W, W	T, B
	低价挂卖	B, T	L, L

其中，W、T、B 和 L 的定义与 5.3.2 节中相同，但是 T 和 B 的收益值并不是固定不变的。假设市场初始配额需求量为 a，生态环境主管部门主体向市场投放的预留配额数量为 b，在启动市场调控措施投放预留配额后，市场配额需求量为 $a-b$。当所有重点排放单位主体都选择"原价挂卖"策略时，配额的平均价格 $y=m$；当所有重点排放单位主体都选择"低价挂卖"策略时，配额的平均价格 $y=n$，因此有 $m>n$。每个重点排放单位主体有 l 个盈余配额可以出售。

在每轮博弈中，市场上有 p 个重点排放单位主体选择"低价挂卖"策略，$50-p$ 个重点排放单位主体选择"原价挂卖"策略。

当所有重点排放单位主体都选择"原价挂卖"策略时，即 $p=0$ 时，每个重点排放单位主体的市场份额相同，出售等量的配额，即 $(a-b)/50$，因此 $W=(a-b)m/50$。

当部分重点排放单位主体选择"低价挂卖"策略，而另一部分重点排放单位主体选择"原价挂卖"策略时，即 $0<p<50$ 时。若 $pl<(a-b)$，则选择"低价挂卖"策略的 p 个重点排放单位主体可以出售全部 l 个盈余配额，选择"原价挂卖"策略的 $50-p$ 个重点排放单位主体在剩余的配额市场中占有相同市场份额，出售等量的配额，因此 $B=nl$，$T=(a-b-pl)m/(50-p)$，此时配额的平均价格 $y=[nlp+(a-b-pl)m]/(a-b)$；若 $p\cdot l\geq(a-b)$，则选择"低价挂卖"策

略的 p 个重点排放单位主体的市场份额相同，出售等量的配额，即 $(a-b)/p$，选择"原价挂卖"策略的 $50-p$ 个重点排放单位主体的配额将无法出售，因此 $B=(a-b)n/p$，$T=0$，此时配额的平均价格 $y=n$。

当所有重点排放单位主体都选择"低价挂卖"策略时，即 $p=50$ 时，每个重点排放单位主体的市场份额相同，出售等量的配额，即 $(a-b)/50$，因此 $L=(a-b)n/50$。对于第 r 个集团组群中的重点排放单位主体，通过获取的同一集团组群中其他重点排放单位主体的博弈策略和博弈收益信息，可以得到市场上重点排放单位主体选择"原价挂卖"策略和"低价挂卖"策略时的收益信息。

在每轮博弈结束后，若市场中存在部分选择"低价挂卖"策略的重点排放单位主体和另一部分选择"原价挂卖"策略的重点排放单位主体，即 $0<p<50$，则各集团组群中重点排放单位主体将比较 T 和 B 的大小。若 $T>B$，那么在下一轮博弈中第 r 个集团组群重点排放单位主体将随机有数量 D 的"低价挂卖"策略主体变为"原价挂卖"策略主体，即在取值为 1 的 x_s 中，将随机有数量 D 的 $x_s=1$ 变为 $x_s=0$；若 $T<B$，那么在下一轮博弈中第 r 个集团组群重点排放单位主体将随机有数量 D 的"原价挂卖"策略主体变为"低价挂卖"策略主体，即在取值为 0 的 x_s 中，将随机有数量 D 的 $x_s=0$ 变为 $x_s=1$；若 $T=B$，那么在下一轮博弈中第 r 个集团组群重点排放单位主体选择的策略均保持不变，即所有的 x_s 值保持不变，如式（6-6）所示。

$$\begin{cases} T>B: p_r = p_r - D \\ T<B: p_r = p_r + D \\ T=B: p_r = p_r \end{cases} \quad (6\text{-}6)$$

式中，p_r 为每轮博弈中第 r 个集团组群重点排放单位主体选择"低价挂卖"策略的主体数量，因此有 $p_1+p_2+p_3+p_4+p_5=p$。

在每轮博弈结束后，模型输出博弈轮次数 k、所有重点排放单位主体中采用"低价挂卖"策略的主体数量 p 以及配额的平均价格 y 等结果。

2）主体仿真结果

在仿真模型的初始化设置中，设定市场初始配额需求量为 250 吨，每个重点排放单位主体有 4 吨盈余配额可以出售。在政府调控碳排放权交易市场前，配额的平均价格为 50 元/吨，所有重点排放单位主体都按照该价格挂卖配额。在每个配额价位上，选择"低价挂卖"策略的重点排放单位主体挂卖配额的价格将比选择"原价挂卖"策略的重点排放单位主体挂卖配额的价格低 10 元/吨，即 $m - n=10$。

当所有重点排放单位主体都选择"低价挂卖"策略时，实现了调低配额市场价格，此时"低价挂卖"策略配额价格成为了新的"原价挂卖"策略配额价格，旧配额价位的博弈结束。所有重点排放单位主体将在新的配额价格上再次展开博弈，即在新配额价位的博弈中，重点排放单位主体选择"原价挂卖"策略时，将以旧配额价位博弈的"低价挂卖"策略价格挂卖配额，而在重点排放单位主体选择"低价挂卖"策略时，将以比旧配额价位博弈的"低价挂卖"策略价格低 10 元/吨的价格挂卖配额。

因为只有当每个集团组群内同时存在选择"原价挂卖"策略和"低价挂卖"策略的重点排放单位主体时，重点排放单位主体才能通过比较"原价挂卖"策略和"低价挂卖"策略的收益大小而做出策略调整。因此当所有重点排放单位主体在旧配额价位博弈中都选择"低价挂卖"策略时，它们在新配额价位的博弈中将选择"原价挂卖"策略。在下一轮博弈中，每个集团组群都将随机出现 1 个重点排放单位主体，在新配额价位博弈中选择"低价挂卖"策略，该重点排放单位主体即为所在集团组群中的策略试验主体。

在第 r 个集团组群内，当一部分重点排放单位主体选择"原价挂卖"策略，另一部分重点排放单位主体选择"低价挂卖"策略时，若选择"原价挂卖"策略的收益大于选择"低价挂卖"策略的收益，则将随机有 1 个选择"低价挂卖"策略的重点排放单位主体在下一轮博弈中学习收益更高的"原价挂卖"策略；若选择"原价挂卖"策略的收益小于选择"低价挂卖"策略的收益，则将随机有 1 个选择"原价挂卖"策略的重点排放单位主体在下一轮博弈中学习收益更高的"低价挂卖"策略。博弈总轮次数设为 100。

根据 6.3.1 节构建的主体仿真模型，模拟了不同预留配额投放情形下，重点排放单位主体的行为策略演变，以及配额的平均价格变化。预留配额投放回购总量的主体仿真如图 6-18 所示。

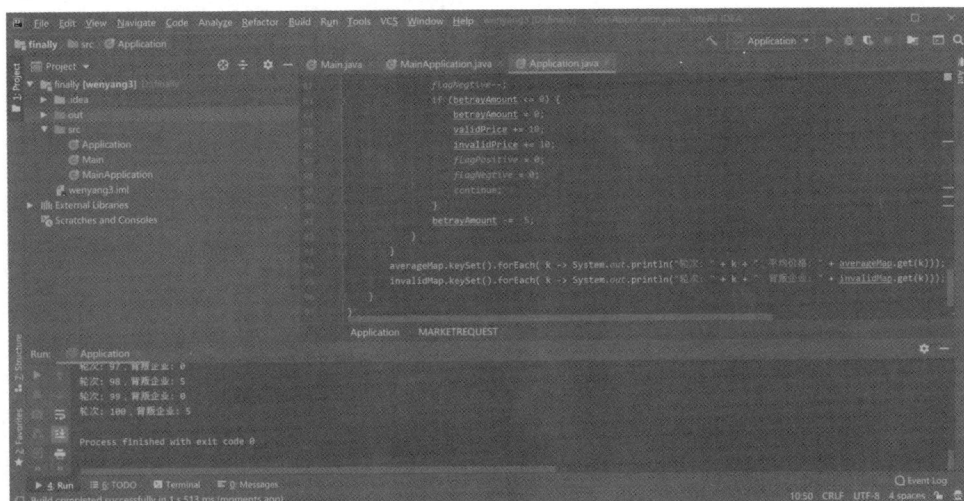

图 6-18　预留配额投放回购总量主体仿真

（1）当生态环境主管部门主体向市场投放的预留配额数量为 100 吨时，此时市场配额需求量为 150 吨，政府向市场投放的预留配额数量较少，模拟的主体仿真结果如图 6-19 所示。

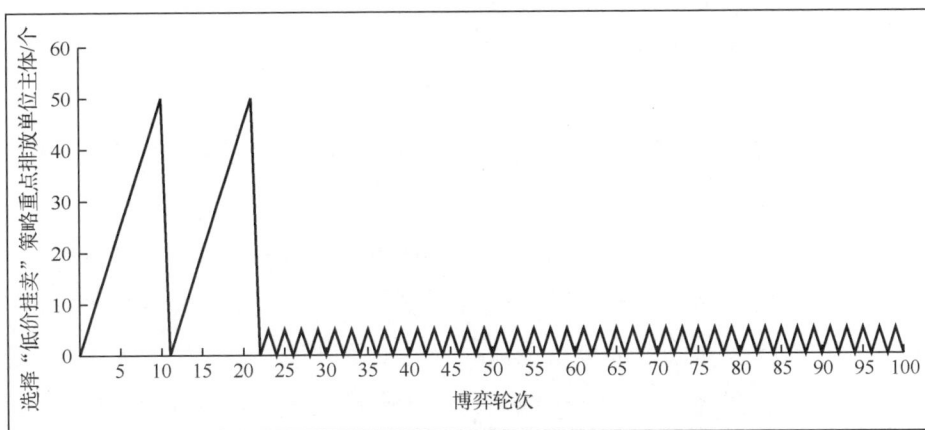

（a）

图 6-19　投放预留配额较少时出售配额企业主体仿真

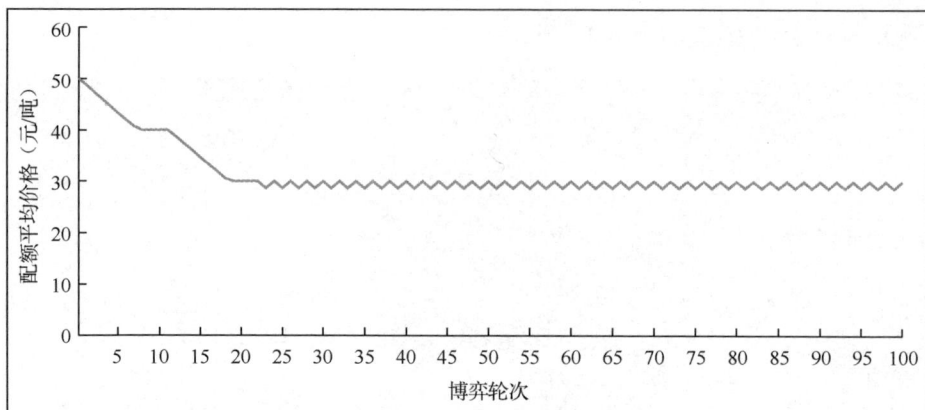

(b)

图 6-19　投放预留配额较少时出售配额企业主体仿真（续）

根据图 6-19，最终几乎所有的重点排放单位主体将在 30 元/吨的配额价格下选择"原价挂卖"策略。在这种情况下，仅有 5 个重点排放单位主体选择了"低价挂卖"策略，即 5 个集团组群中的策略试验主体。但在下一回合的博弈中，这 5 个重点排放单位主体也会选择"原价挂卖"策略。相应的，配额平均价格在 30 元/吨和 28.67 元/吨之间波动。

政府向市场投放的预留配额总量较少，配额平均价格下降幅度较小，下降约 20 元/吨，此时需要进一步加大市场调控力度。

（2）当生态环境主管部门主体向市场投放的预留配额数量为 125 吨时，此时市场配额需求量为 125 吨，政府向市场投放的预留配额数量适中，模拟的主体仿真结果如图 6-20 所示。

根据图 6-20，最终几乎所有的重点排放单位主体将在 20 元/吨的配额价格下选择"原价挂卖"策略。当所有重点排放单位主体都选择"原价挂卖"策略时，仅有 5 个重点排放单位主体选择"低价挂卖"策略，即 5 个集团组群中的策略试验主体。但在下一回合的博弈中，这 5 个重点排放单位主体也会选择"原价挂卖"策略。相应的，配额平均价格在 20 元/吨和 18.4 元/吨之间来回波动。

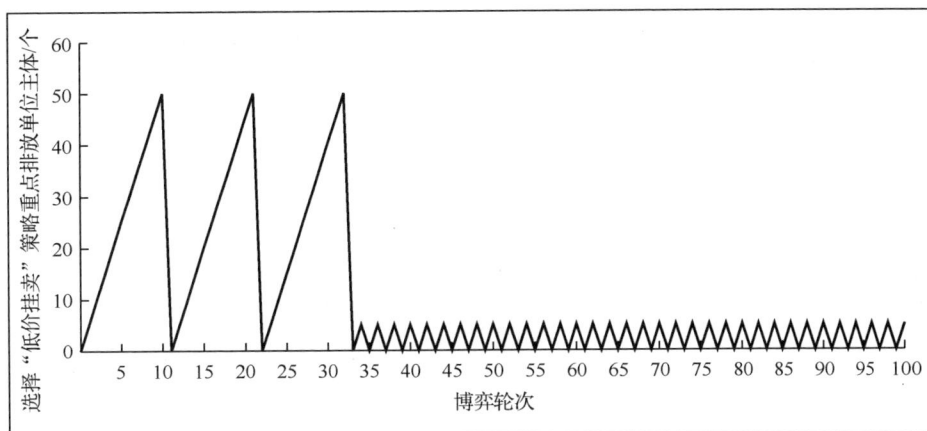

（a）

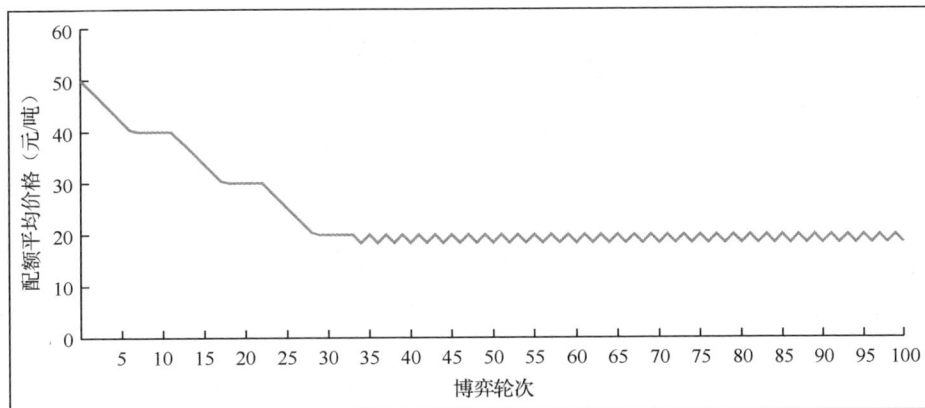

（b）

图 6-20 投放预留配额适中时出售配额企业主体仿真

　　由于政府向市场投放的预留配额总量适中，因此配额平均价格下降幅度适中，下降约 30 元/吨，此时无须对市场调控力度进行调整。

　　（3）当生态环境主管部门主体向市场投放的预留配额数量为 150 吨时，此时市场配额需求量为 100 吨，政府向市场投放的预留配额数量较多，模拟的主体仿真结果如图 6-21 所示。

　　根据图 6-21，最终几乎所有的重点排放单位主体都在 10 元/吨的配额价格下选择"原价挂卖"策略。当所有重点排放单位主体都选择"原价挂卖"策略时，仅有 5 个重点排放单位主体选择"低价挂卖"策略，即 5 个集团组群中的策略试验主体。但在下一回合的博弈中，这 5 个重点排放单位主体也会选择"原价挂卖"策略。相应的，配额平均价格也在 10 元/吨和 8 元/吨之间来回波动。

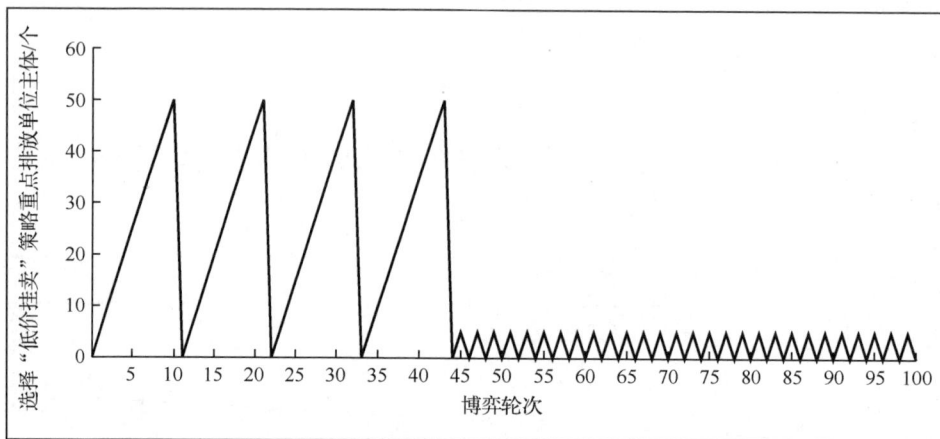

（a）

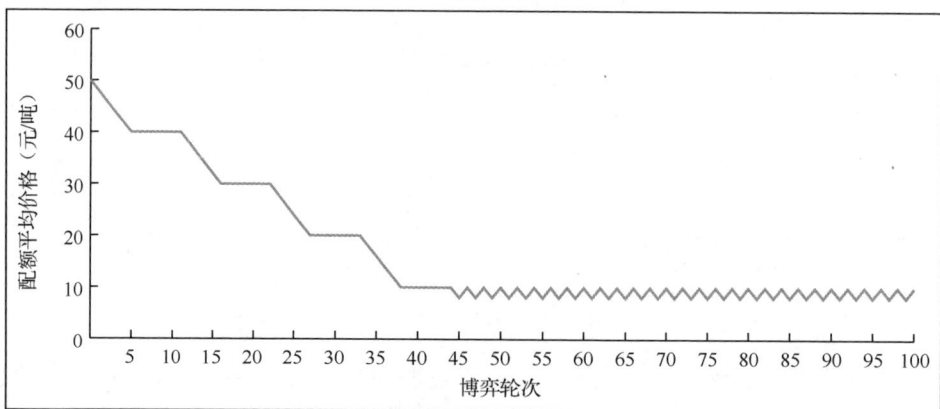

（b）

图 6-21 投放预留配额较多时出售配额企业主体仿真

政府向市场投放的预留配额总量较多，配额平均价格下降幅度较大，下降约 40 元/吨，此时需要回购一定量的预留配额。

在政府调控碳排放权交易市场时，可以依据本节所构建的主体仿真模型对实际情况进行模拟，从而科学地制定投放回购预留配额的总量，确保市场上的配额数量适中，并将配额价格调控在合理的价位区间内，以实现碳排放权交易市场的有效调控。

6.4　本章小结

本章基于仿真理论设计了主体仿真模型，并运用 Java 语言在 IntelliJ IDEA 平台上实现了模型的构建。在不完全信息情形下，本研究模拟了政府在调控碳排放权交易市场时，政府与企业的行为演变过程、最终的稳定策略以及市场最终的稳定运行状态。通过对不同情形主体仿真结果的分析，本章为生态环境主管部门实施高效的监管规制和制定合理的市场调控措施触发条件与预留配额投放回购总量提供了实践依据。

在政府规制碳排放权交易市场时，如果对企业主体虚报瞒报排放行为实施的处罚力度较小，企业主体将选择缴纳罚款，以"合法化"其违规行为；而当对生态环境主管部门主体在监督检查企业排放方面提供较高的资金支持时，将有助于激发其监督检查的积极性。相反，如果对生态环境主管部门主体玩忽职守的处罚较轻，则可能导致其失去监督检查企业排放的动力，这一结果验证了演化博弈分析的结论。

与演化博弈分析结果不同的是，在生态环境主管部门主体与企业主体的动态平衡博弈中，双方的策略比例会在一定范围内呈规律性波动。当生态环境主管部门主体的监督检查比例保持不变时，若该比例低于"监督检查"策略的鞍点值，几乎所有企业主体都会选择"虚报瞒报排放"策略；在此情况下，生态环境主管部门主体的监督检查比例越高，企业主体的策略波动越大。相反，当监督检查比例高于"监督检查"策略的鞍点值时，几乎所有企业主体都会选择"如实报告排放"策略，且生态环境主管部门主体的监督检查比例越低，企业主体的策略波动也越大。当监督检查比例等于"监督检查"策略的鞍点值时，企业主体的策略选择比例将会在一定范围内无规律波动。

因此，在制定与监督检查资金支持、玩忽职守处罚、对违规企业的罚款处罚以及随机抽检比例等相关市场规制规则时，可以利用主体仿真模型模拟实际情况，从而实现对碳排放权交易市场的有效调控。

在政府调控碳排放权交易市场时，当配额价格较低且对未履约企业的处罚力度不足时，大多数企业会选择不主动减排，而是缴纳未履约罚款，从而"合法化"其未履约行为。在这种情况下，市场的超额排放量较多，温室气体减排目标难以完成，政府需要启动市场调控措施，回购市场上的预留配额，以提高配额价格。在配额价格较高或非常高时，大部分企业主体都将主动减排。此时市场未出售的盈余配额量较多，企业主体减排的经济效率较低，政府需要触发市场调控措施，向市场投放预留配额，以调低配额市场价格。在配额价格适中时，将有一部分企业主体选择"主动减排"策略，另一部分企业主体选择"购买配额"策略，碳排放权交易市场能够实现经济高效的温室气体减排，政府无须启动市场调控措施。

在制定配额价格触发点时，可以依据主体仿真模型模拟现实情况，当配额价格不在合理的价位区间时，政府可启动市场调控措施，以确保碳排放权交易市场的高效减排。

在政府启动市场调控措施后，如果投放（或回购）的预留配额不够，调控力度不够，市场配额需求量仍然较高（或较低），配额平均价格降幅（涨幅）较小，此时政府需要进一步加大市场调控力度；反之，如果投放（或回购）的预留配额量过多，调控力度过大，市场配额需求量相对较少（或较多），配额平均价格降幅（或涨幅）较大，此时政府需要回购（或投放）一定量的预留配额。当制定投放回购预留配额的总量时，可以依据主体仿真模型模拟现实情况，使市场上的配额数量适中，将配额价格调控到合理区间内，从而实现碳排放权交易市场的有效调控。

第 七 章

结论与建议

7.1 主要结论

7.1.1 湖北省碳排放权交易试点实施效果不佳

碳排放权交易试点的实施对湖北省工业 CO_2 排放未产生显著影响，且未对推动湖北省工业 CO_2 排放变化的主要因素——GDP 和工业能源消耗强度产生影响。尽管碳排放权交易试点未显著改变工业 CO_2 排放强度，但其对工业增加值占 GDP 比重产生了显著影响，在碳排放权交易试点实施后，工业增加值占 GDP 比重预计每年增长 1.57%。然而在 2013 年后，工业增加值占 GDP 比重所体现的经济结构效应，对湖北省工业 CO_2 排放变化几乎没有贡献。因此，湖北省碳排放权交易试点的实施效果整体上并不明显。

湖北省试点实施效果不佳，主要是因为配额的不合理分配以及政府有效监管的缺失。湖北省碳排放权交易试点采用了基准值法、历史强度法和历史排放法对不同行业的碳排放配额进行分配。在配额分配方案中，设定的市场调节因子和行业控排系数接近于 1，而基准值法选取的排放强度百分位数为中位数。对于采用基准值法分配配额的行业，基准值近似于行业的平均排放强度，排放强度较低的企业所产生的盈余配额基本可以满足排放强度较高企业的配额需求，从而使行业整体无需进一步减排。对于采用历史排放法和历史强度法分配配额的行业，企业通过无偿分配所获取的免费配额与其往年排放量大致相等，企业的履约难度较低，无须大幅减排或购买大量配额。碳排放权交易试点无偿分配的配额过多，排放总量限额与无环境规制时行业整体的排放总量相差不大，导致配额未能成为稀缺性资源，企业缺乏减排动力，碳排放权交易市场也不活跃。

此外，湖北省试点 MRV 体系主要依赖第三方核查机构核查企业的碳排放报告。然而，湖北省生态环境主管部门人力和财力的不足，导致对碳排放权交易市场的监管力度有限，检查频次较低，且对企业及第三方核查机构的违规行为处罚力度较轻，企业和第三方核查机构的违法成本较低，数据造假的动力较大，进而降低了 MRV 体系的执行效果。

对于采用基准值法和历史强度法分配配额的行业，企业可以通过扩大生产规模、提高实际产量来获得更多的免费配额。与此同时，由于政府监管力度相对不足，企业在有机会虚报瞒报排放数据的情况下，有可能将剩余较多的盈余配额用于出售盈利。这种行为可能导致碳排放权交易试点未能达到预期的减排效果，反而促进了工业增加值在 GDP 中占比的上升。

7.1.2 对企业违规行为予以高额处罚，激励其如实报告排放

当企业的减排履约成本大于虚报瞒报排放所面临的罚款处罚时，无论政府主管部门是否进行检查，企业都将选择继续违规行为，虚报瞒报排放。在这种情况下，由于政府主管部门对企业违规行为的处罚力度过小，对企业行为产生了逆向激励。即使企业可能面临政府的抽查检查，它们仍然选择缴纳罚款以"合法化"其违规行为，而不愿意通过实施减排措施或购买排放配额来履约。因此，政府主管部门需要对企业的违规行为实施高额处罚，增加违规成本，降低违规的期望收益，从而激励企业如实报告排放。政府主管部门可依据主体仿真模型模拟现实情形，科学制定对违规企业的罚款处罚力度，以实现市场的有效规制。

7.1.3 加强对政府主管部门的资金支持和玩忽职守行为的处罚，激励其检查排放

当生态环境主管部门监督检查企业排放的经费支出大于执法成本时，生态环境主管部门通常会积极进行企业排放的监督检查。上级部门应加大对地方生态环境主管部门监督检查工作的资金支持，提升其开展监督检查工作的积极性。然而，当生态环境主管部门监督检查企业排放的经费支持力度和玩忽职守的处罚力度较小时，生态环境主管部门将缺乏监督检查企业排放的积极性。当生态环境主管部门监督检查企业排放的资金支持、玩忽职守的处罚以及对企业违规行为的罚款处罚之和小于执法成本时，生态环境主管部门将不会检查企业的排放。此时，将促使企业违规，虚报瞒报排放，以牟取违法利益。政府可依据主体仿真模型模拟现实情形，科学制定监督检查的资金支持和玩忽职守处罚措施，以实现市场的有效规制。

7.1.4 政府主管部门监督检查企业排放比例要高于鞍点值

当政府主管部门监督检查比例保持不变时，可以根据演化博弈模型计算出监督检查企业数量的鞍点值。具体而言：

当监督检查企业的数量低于鞍点值时，大多数企业都将虚报瞒报排放，此时政府主管部门的监管力度越大，监督检查企业的数量越接近鞍点值，企业的策略波动就越大，如实报告排放的企业数量越多。

当监督检查企业的数量高于鞍点值时，大多数企业都将如实报告排放，此时政府主管部门的监管力度越小，监督检查企业的数量越接近鞍点值，企业的策略波动就越大，虚报瞒报排放的企业数量越多。

当监督检查企业的数量等于鞍点值时，企业的策略比例将在一定范围内波动。

因此，为确保大部分企业如实报告排放数据，政府主管部门的监督检查

比例应高于鞍点值。政府主管部门在根据演化博弈模型计算出监督检查企业数量的鞍点值后，可再依据主体仿真模型模拟现实情形，科学制定固定不变的随机抽检比例，实现市场的有效规制。

7.1.5　适中的配额价格和未履约的高额处罚能够促进市场高效减排

在市场配额价格较低且对未履约企业的罚款处罚不高时，大部分企业都将不会履约，而是缴纳未履约处罚费用，从而"合法化"其未履约行为。此时碳排放权交易市场中超出限额的排放量较多，无法完成温室气体减排目标，政府主管部门需要采取市场调控措施，向市场回购预留配额，提高配额市场价格。

当市场配额价格较高时，大部分企业都将通过主动减排的方式履约。此时碳排放权交易市场中的未出售盈余配额量较大，能超额完成温室气体减排目标，但是企业群体的经济效率较低，政府主管部门需要触发市场调控措施，向市场投放预留配额，调低配额市场价格。

当市场配额价格适中且对未履约企业的罚款处罚较高时，将有一部分企业选择通过主动减排的方式履约，而另一部分企业选择通过购买配额的方式履约。此时市场中超过限额的排放量或未出售的盈余配额量都较低，政府主管部门无须触发市场调控措施，碳排放权交易市场能够高效完成温室气体减排目标。

政府主管部门可依据主体仿真模型模拟现实情形，科学制定配额价格触发点和未履约处罚力度，当配额价格达到预定触发点时，启动市场调控措施，向市场投放回购预留配额，实现市场的高效减排。

7.1.6　政府主管部门通过适度的市场调控引导配额价格回归合理区间

政府主管部门为调控市场配额价格，可以启动市场调控措施，向市场投放（或回购）预留配额。然而，当向市场投放（或回购）的预留配额过多时，出售配额的企业都选择低价（或高价）挂卖配额，以期获得最高收益。这种情况下，市场上的配额供应量将远大于（或小于）需求量，形成囚徒困境博弈：所有出售配额的企业将因价格过低（或过高）而导致碳排放权交易市场配额的平均价格急剧下降（或上升），并使所有出售配额企业的收益减少（或增加）。因此，政府主管部门需适时减少向市场投放（或回购）的预留配额量。

当向市场投放（或回购）的预留配额量处于适中水平时，一部分出售配额的企业选择低价（或原价）挂卖配额，而其他企业则选择原价（或高价）挂卖配额以实现最大收益。此时市场上的配额供应量大于（或小于）需求量，呈现鹰鸽博弈局面：部分企业为了实现集体利益最大化，愿意牺牲个人利益，以不变（或较高）的价格出售配额；其余企业则通过低价（或不变）的方式出售更多配额，从而增加收益。此时，碳排放权交易市场配额平均价格有所下降（或升高），政府主管部门无须调整市场调控力度。

当向市场投放（回购）的预留配额不够时，出售配额的企业将倾向于按原价挂卖配额，这时市场上的配额供应量略大于（或低于）需求量，出售配额的企业都将以不变的价格出售配额，碳排放权交易市场配额平均价格依旧较高（或较低），所有出售配额企业的收益保持不变，政府主管部门需要增加向市场投放（或回购）的预留配额量。

政府主管部门可依据主体仿真模型模拟现实情形，科学地制定预留配额的投放回购量，引导配额价格回归合理区间内，实现市场的有效调控。

7.2 政策建议

7.2.1 建立健全法律法规体系

完善的法律体系是保障碳排放权交易市场有效运转的基础。美国、欧盟和韩国在建立排放权交易市场前都完成了相关立法工作，并在各自的排放权交易上位法中明确了各利益相关方的职能和职责，对排放总量限额、配额分配、MRV 体系和市场稳定措施等规则提出了一般框架性要求，具体的交易规则在下位法中进一步做出规定。

目前，我国的碳排放权交易相关法律体系仍不完善。现行的相关法律法规主要包括《碳排放权交易管理办法（试行）》和《碳排放权交易管理暂行条例》。然而，这些法规的法律效力等级较低，且在涉及虚报、瞒报碳排放报告和未按时履约等违规行为的处罚力度时，必须依照《处罚法》等其他相关法律的规定。因此，为了确保碳排放权交易市场的高效运转，迫切需要制定具有更高法律效力的相关法律，进一步健全法律法规体系，并对碳排放权交易市场的具体交易规则进行详细说明。

7.2.2　科学制定排放总量限额

排放总量限额是确保碳排放权交易市场实现有效减排的关键因素。在欧盟和韩国的碳排放权交易实践中，首先确定了总量减排目标，并据此制定了相应的排放总量限额。然而，目前我国尚未设定总量减排目标，仅有强度减排目标。而随着中国经济总量的不断增长，即使实现了 CO_2 排放强度的下降，也并不意味着排放总量的必然下降。

在总量减排目标缺位的情况下，全国碳排放权交易市场在制定排放总量限额时缺乏明确依据，相关部门未能设定较低排放总量限额的目标约束。尽管碳排放权交易市场能够以较低成本实现 CO_2 减排，但它并不是实现强度减排的最有效手段。中国能够通过其他能源与气候相关政策措施来完成强度减排目标。

在排放总量限额较高的情形下，与传统的命令控制政策相比，碳排放权交易市场在实现经济高效减排方面的优势并不明显。因此，政府主管部门应根据减排能力制定合理的总量减排目标，并依据这一目标为全国碳排放权交易市场设定合适的排放总量限额，以充分发挥碳排放权交易市场低成本减排的作用。

7.2.3 合理优化配额分配方式

在国际排放权交易市场的实践中，拍卖分配被广泛认为是一种较为理想的配额分配方式。原因在于，拍卖分配能够避免市场扭曲，并且拍卖所得部分收益可以用于排放权交易市场的运维和管理。然而，拍卖分配方式也给企业带来额外的经济负担，可能影响其国际竞争力。相比之下，无偿分配方式则更容易获得行业支持，因为免费配额对于企业来说是一种"意外之财"。在这种方式下，企业没有为配额所允许的 CO_2 排放支付成本，也没有承担因排放所带来的环境损害。因此，在排放权交易市场初期，主要的发达经济体通常采取无偿分配方式作为过渡，并逐步增加拍卖分配的比例。

在无偿分配方式中，基准值法被认为是一种较为公平的分配方式。排放强度较低的集约型企业能够获得更多配额，而排放强度较高的粗放型企业获得的配额较少。这种方式能够有效激励企业进行技术进步，避免出现"鞭打快牛"的现象。然而，基准值法对前期基础数据的收集要求较高，并且仅适用于工艺流程差异较小、企业数量较多的行业。尽管祖父分配法可能导致配额分配的不公平，排放强度较高的粗放型企业可能会获得更多配额，而排放强度较低的集约型企业则获得配额较少。但这种方法更适用于工艺流程差异较大的行业，且在企业数量较少的行业中，基准值不一定能够代表行业的先进标杆。

目前，全国碳排放权交易市场尚处于建立初期，因此可以继续采用无偿分配方式作为过渡。目前，该市场仅涵盖火电行业，该行业工艺流程差异较小，企业数量较多，因此适宜采用基准值法来分配配额。在选择基准值时，应选取靠前的排放强度百分位数作为代表行业排放标杆的先进基准值。在后续纳入工艺流程差异较大、企业较少的行业时，可适当采用祖父分配法分配配额，但行业控排系数和市场调节因子不宜设定过高。

随着全国碳排放权交易市场的深入实施，未来可适时探索并逐步过渡至拍卖、固定价格出售等有偿分配方式来发放配额。此外，对于那些因纳入碳排放权交易市场而可能影响国际竞争力的特定行业，应制定"碳泄漏"清单，并对这些行业继续采取无偿分配方式进行配额分配。

7.2.4 加大政府监管处罚力度

全国碳排放权交易市场应建立类似于美国 CEMS 和欧盟 MRV 体系的严格监管体系。一是加大监管力度：增加主管部门对企业碳排放的检查频次，并对存在违规违法行为的企业实施全流程监督与动态监控。二是加大处罚力度：对虚报瞒报排放数据的企业和核查报告弄虚作假的第三方机构处以高额罚款，并将其列入失信企业"黑名单"。三是全方位监控企业排放：结合先进的监测与核算方法，实施企业排放的全面监控。指导企业安装大气碳排放监测系统，实时在线监测企业碳排放，并将数据报送至监管部门。监管部门将依据碳排放核算方法，定期抽查企业碳排放数据，确保监测数据的真实性与可靠性。

7.2.5 完善配额价格调控措施

欧盟和韩国在碳排放权交易市场中分别建立了市场稳定储备机制和市场稳定措施，以应对市场配额价格波动问题。全国碳排放权交易市场应进一步完善配额价格调控措施，在现有的涨跌幅限制管理基础上，增加对企业、机构和个人的最大持仓量限制。此外，需研究并制定碳配额价格稳定机制，科学制定机制触发条件。当配额价格超出合理价位区间时，可通过适度投放回购预留配额的方式，稳定碳排放配额市场价格。

[1] MIRASGEDIS S, SARAFIDIS Y, Georgopoulou E, et al. The role of renewable energy sources within the framework of the Kyoto Protocol: The case of Greece[J]. Renewable and Sustainable Energy Reviews, 2002, 6(3): 247-269.

[2] ORLANDO B. The Kyoto Protocol: A framework for the future[J]. SAIS Review, 1998, 18(2): 105-120.

[3] SCHNEIDER L. Is the CDM Fulfilling its Environmental and Sustainable Development Objectives? An Evaluation of the CDM and Options for Improvement[D]. Kyoto: Kyoto University, 2007.

[4] The H L P. Can the Paris Agreement save us from a climate catastrophe? [J]. Lancet Planetary Health, 2018, 2(4): 140.

[5] 文扬, 王丽, 胡珮琪, 等. 高效碳交易市场的机制设计与路径模式[J]. 宏观经济管理, 2022, (9): 40-46.

[6] 马中. 环境与自然资源经济学概论(第三版)[M]. 北京: 高等教育出版社, 2019.

[7] TRESCH R W. An application of externality theory: Global warming[M] //Public finance. 3rd ed. San Diego: Academic Press, 2015: 123-138.

[8] HOLCOMBE, R G. A Theory of the Theory of Public Goods[J]. Economic Policy, 2015, 4(1): 1-22.

[9] FURUBOTN E G, PEJOVICH S. The Economics of Property Rights[M]. New York: Ballinger Publishing Company, 1974.

[10] BROMLEY D W, CERNEA M M. The management of common property natural resources: Some conceptual and operational fallacies[M].

Washington D. C. : World Bank Publications, 1989.

[11] BROMLEY D W. Environment and economy: Property rights and public policy[M]. Oxford: Basil Blackwell , 1991.

[12] PRASAD B C. Institutional economics and economic development: The theory of property rights, economic development, good governance and the environment[J]. International Journal of Social Economics, 2003, 30(6): 741-762.

[13] PEJOVICH S. The economics of property rights: Towards a theory of comparative systems[M]. London: Kluwer Academic Publishers, 1990.

[14] TIETENBERG T H. Environmental and natural resource economics[M]. New York: Harper Collins Publishers, 1992.

[15] COASE R H. The Problem of Social Cost[J]. Journal of Law & Economics, 1960, 3(1): 1-44.

[16] CHEUNG S N S. Will China Go 'Capitalist'？ [M]. London: Institute of Economic Affairs, 1982.

[17] COASE R H. The firm, the market, and the law[M]. Chicago: University of Chicago Press, 2012.

[18] LAI L W C, LORNE F T. The Fourth Coase Theorem: State planning rules and spontaneity in action[J]. Planning Theory, 2015, 14(1): 44-69.

[19] GMYTRASIEWICZ P, PARSONS S. Editorial: Decision theory and game theory in agent design[J]. Decision Support Systems, 2005, 39(2): 151-152.

[20] PARSONS S, WOOLDRIDGE M. Game Theory and Decision Theory in Multi-Agent Systems[J]. Autonomous Agents and Multi-Agent Systems, 2000, 5(3): 243-254.

[21] COOPER R N, ELLERMAN A D, JOSKOW P L, et al. Markets for Clean Air: the U. S. Acid Rain Program[J]. Foreign affairs , 2000, 79(6): 176.

[22] ELLERMAN A D, BARBARA K B, CARLO C. Allocation in the European emissions trading scheme: Rights, rents and fairness[M]. Cambridge: Cambridge University Press, 2007.

[23] TROTIGNON R, DELBOSC A. Allowance trading patterns during the EU ETS trial period: What does the CITL reveal? [J]. Climate Report, 2008, 13: 1-36.

[24] TANG R, GUO W, OUDENES M, et al. Key challenges for the establishment of the monitoring, reporting and verification (MRV) system in China's national carbon emissions trading market[J]. Climate Policy, 2018, 18(S1): S106-S121.

[25] PEETERS M, CHEN H. Enforcement of emissions trading: Sanction regimes of greenhouse gas emissions trading in the EU and China[M]. Cheltenham: Edward Elgar Publishing, 2016. .

[26] TICHE F G, WEISHAAR S E, COUWENBERG O. Carbon market stabilisation measures: Implications for linking[R]. Cambridge: MIT Center for Energy and Environmental Policy Research, Working Paper 2016-011, 2016.

[27] NOLAN A, CHOI J, KANG M, et al. Industry and technology policies in Korea[M]. Paris: OECD Publishing, 2014.

[28] PRIMI A, RIM J Y, WOO H S. Industrial policy and territorial development: Lessons from Korea[M]. Paris: OECD Publishing, 2012.

[29] JONES R S, YOO B. Achieving the "low carbon, green growth" vision in Korea[R]. Paris: OECD Publishing, Working Paper No. 999, 2012.

[30] PARK H, HONG W K. Korea's emission trading scheme and policy design issues to achieve market-efficiency and abatement targets[J]. Energy Policy, 2014, 75(1): 73-83.

[31] KANG S I, OH J, KIM H. Korea's low-carbon green growth strategy[R]. Paris: OECD Publishing, 2012

[32] LIU K, LIN B. Research on influencing factors of environmental pollution in China: A spatial econometric analysis[J]. Journal of Cleaner Production, 2019, 206: 356-364.

[33] KONG B, FREEMAN C. Making sense of carbon market development

in China[J]. Carbon and Climate Law Review, 2013, 3: 194-212.

[34] MCKIBBIN W J, MORRIS A C, WILCOXEN P. Controlling carbon emissions from U. S. power plants: How a tradable performance standard compares to a carbon tax[R]. Rochester: Social Science Research Network, 2015.

[35] BURTRAW D, FRAAS A, RICHARDSON N. Tradable Standards for Clean Air Act Carbon Policy[J]. Environmental Law Reporter, 2012, 42(4): 10338-10345.

[36] CAO J, GARBACCIO R, HO M S. China's 11th Five-Year Plan and the Environment: Reducing SO_2 Emissions[J]. Review of Environmental Economics and Policy, 2009, 3(2): 231-250.

[37] 文扬, 王丽, 高国力. 关于完善我国碳交易市场的若干思考[J]. 中国经贸导刊, 2022, (3): 52-54.

[38] QI S, WANG B, ZHANG J. Policy design of the Hubei ETS pilot in China[J]. Energy Policy, 2014, 75: 31-38.

[39] YANG Y, ZHAO T, WANG Y, et al. Research on impacts of population-related factors on carbon emissions in Beijing from 1984 to 2012[J]. Environmental Impact Assessment Review, 2015, 55: 45-53.

[40] 高国力, 文扬, 王丽, 等. 基于碳排放影响因素的城市群碳达峰研究[J]. 经济管理, 2023, 45(2): 39-58.

[41] PETERS G P, WEBER C L, GUAN D, et al. China's growing CO_2 emissions—A race between increasing consumption and efficiency gains[J]. Environmental Science and Technology, 2007, 41(17): 5939-5944.

[42] XU S C, ZHANG L, LIU Y T, et al. Determination of the factors that influence increments in CO_2 emissions in Jiangsu, China using the SDA method[J]. Journal of Cleaner Production, 2017, 142: 3061-3074.

[43] FAN Y, LIU L C, WU G, et al. Changes in carbon intensity in China: Empirical findings from 1980-2003[J]. Ecological Economics, 2007, 62(3-4): 683-691.

[44] ZHOU P, ANG B W. Decomposition of aggregate CO_2 emissions: A production-theoretical approach[J]. Energy Economics, 2008, 30(3): 1054-1067

[45] LIU X, ZHOU D, ZHOU P, et al. What drives CO_2 emissions from China's civil aviation? An exploration using a new generalized PDA method[J]. Transportation Research Part A: Policy and Practice, 2017, 99: 30-45.

[46] ANG B W, LIU F L. A new energy decomposition method: Perfect in decomposition and consistent in aggregation[J]. Energy, 2001, 26(6): 537-548.

[47] 文扬, 马中, 吴语晗, 等. 京津冀及周边地区工业大气污染排放因素分解——基于 LMDI 模型分析[J]. 中国环境科学, 2018(12): 4730-4736.

[48] GREENING L A. Effects of human behavior on aggregate carbon intensity of personal transportation: Comparison of 10 OECD countries for the period 1970-1993[J]. Energy Economics, 2004, 26(1): 1-30

[49] WANG C, CHEN J, ZOU J. Decomposition of energy-related CO_2 emission in China: 1957-2000[J]. Energy, 2005, 30(1): 73-83. .

[50] LIU L C, FAN Y, WU G, et al. Using LMDI method to analyze the change of China's industrial CO_2 emissions from final fuel use: An empirical analysis[J]. Energy Policy, 2007, 35(11): 5892-5900.

[51] WANG W, LIU X, ZHANG M, et al. Using a new generalized LMDI (logarithmic mean Divisia index) method to analyze China's energy consumption[J]. Energy, 2014, 67: 617-622.

[52] GONZÁLEZ P F, LANDAJO M, PRESNO M J. Tracking European Union CO_2 emissions through LMDI (logarithmic-mean Divisia index) decomposition: The activity revaluation approach[J]. Energy, 2014, 73: 741-750.

[53] MOUSAVI B, LOPEZ N S A, BIONA J B M, et al. Driving forces of Iran's CO_2 emissions from energy consumption: An LMDI decomposition approach[J]. Applied Energy, 2017, 206: 804-814.

[54] CHONG C H, LIU P, MA L, et al. LMDI decomposition of energy consumption in Guangdong Province, China, based on an energy allocation

diagram[J]. Energy, 2017, 133: 525-544. .

[55] JEONG K, KIM S. LMDI decomposition analysis of greenhouse gas emissions in the Korean manufacturing sector[J]. Energy Policy, 2013, 62: 1245-1253.

[56] XU X, ZHAO T, LIU N, et al. Changes of energy-related GHG emissions in China: An empirical analysis from sectoral perspective[J]. Applied Energy, 2014, 132: 298-307.

[57] REN S, FU X, CHEN X H. Regional variation of energy-related industrial CO_2 emissions mitigation in China[J]. China Economic Review, 2012, 23(4): 1134-1145

[58] WANG Z, YANG L. Delinking indicators on regional industry development and carbon emissions: Beijing-Tianjin-Hebei economic band case[J]. Ecological Indicators, 2015, 48: 41-48

[59] TIMILSINA G R, SHRESTHA A. Factors affecting transport sector CO_2 emissions growth in Latin American and Caribbean countries: An LMDI decomposition analysis[J]. International Journal of Energy Research, 2009, 33(4): 396-414

[60] KIM K, KIM Y. International comparison of industrial CO_2 emission trends and the energy efficiency paradox utilizing production-based decomposition[J]. Energy Economics, 2012, 34(5): 1724-1741.

[61] GOTTINGER H W. Greenhouse gas economics and computable general equilibrium[J]. Journal of Policy Modeling, 1998, 20(5): 537-580.

[62] LI W, JIA Z. The impact of emission trading scheme and the ratio of free quota: A dynamic recursive CGE model in China[J]. Applied Energy, 2016, 174: 1-14.

[63] LIU Y, TAN X J, YU Y, et al. Assessment of impacts of Hubei Pilot emission trading schemes in China—A CGE-analysis using TermCO2 model[J]. Applied Energy, 2017, 189: 762-769.

[64] ZHANG C, WANG Q, SHI D, et al. Scenario-based potential effects of carbon trading in China: An integrated approach[J]. Applied Energy, 2016, 182: 177-190.

[65] TANAKA S. Environmental regulations on air pollution in China and their impact on infant mortality[J]. Journal of Health Economics, 2015, 42: 90-103.

[66] JEFFERSON G H, TANAKA S, YIN W. Environmental regulation and industrial performance: Evidence from unexpected externalities in China[R]. Rochester: Social Science Research Network, 2013. .

[67] CHEN Y, JIN G Z, KUMAR N, et al. The promise of Beijing: Evaluating the impact of the 2008 Olympic Games on air quality[J]. Journal of Environmental Economics and Management, 2013, 66(3): 424-443.

[68] QIU L Y, HE L Y. Can green traffic policies affect air quality? Evidence from a difference-in-difference estimation in China[J]. Sustainability, 2017, 9(6): 1067-1076.

[69] YANG Z, TANG M. Does the increase of public transit fares deteriorate air quality in Beijing? [J]. Transportation Research Part D: Transport and Environment, 2018, 63: 49-57.

[70] TAN R, TANG D, LIN B. Policy impact of new energy vehicles promotion on air quality in Chinese cities[J]. Energy Policy, 2018, 118: 33-40.

[71] LIST J A, MILLIMET D L, FREDRIKSSON P G, et al. Effects of environmental regulations on manufacturing plant births: Evidence from a propensity score matching estimator[J]. Review of Economics and Statistics, 2003, 85(4): 944-952.

[72] HERING L, PONCET S. Environmental policy and trade performance: Evidence from China[R]. Rochester: Social Science Research Network, 2011.

[73] BENNEAR L S, OLMSTEAD S M. The impacts of the "right to know": Information disclosure and the violation of drinking water standards[J]. Journal

of Environmental Economics and Management, 2008, 56(2): 117-130.

[74] MARIN G, MARINO M, PELLEGRIN C. The impact of the European Emission Trading Scheme on multiple measures of economic performance[J]. Environmental and Resource Economics, 2018, 71(2): 551-582.

[75] GINTIS H. The bounds of reason: Game theory and the unification of the behavioral sciences[J]. Journal of Value Inquiry, 2011, 45(1): 85-90.

[76] GINTIS H, HENRICH J, BOWLES S, et al. Strong Reciprocity and the Roots of Human Morality[J]. Social Justice Research, 2008, 21(2): 241-253.

[77] SHIFLET A B, SHIFLET G W. An Introduction to Agent-based Modeling for Undergraduates[J]. Procedia Computer Science, 2014, 29: 1392-1402.

[78] MIZUTA H, YAMAGATA Y. Agent-based simulation and greenhouse gas emissions trading[C]. Proceeding of the 2001 Winter Simulation Conference. Arlington: IEEE, 2001, 1: 535-540.

[79] CHAN W K V, SON Y J, MACAL C M. Agent-based simulation tutorial-simulation of emergent behavior and differences between agent-based simulation and discrete-event simulation[C]. Proceedings of the 2010 Winter Simulation Conference. Baltimore: IEEE, 2010: 135-150.

[80] BUCHANAN M. This economy does not compute[N]. New York Times, 2008-10-01(Op-Ed).